여자의 칵테일

NUANCED. COMPLEX. STRONG.

A Woman's Drink

지금 내 기분에 필요한 칵테일 레시피

여자의 칵테일

나탈카 뷰리언, 스콧 슈나이더 지음 / 김보은 옮김
사진: 앨리스 가오 / 일러스트: 조던 아완

황금시간

수년간 엘사와 라모나를 지지해준
모든 친구와 가족, 동료, 손님에게 이 책을 바친다.

A Woman's Drink

여자의 칵테일

지금 내 기분에 필요한 칵테일 레시피

지은이 나탈카 뷰리언, 스콧 슈나이더
옮긴이 김보은
펴낸이 정규도
펴낸곳 황금시간

초판 1쇄 발행 2018년 12월 31일
편집 권명희, 신소연
디자인 스튜디오 고민

황금시간
Golden Time

주소 경기도 파주시 문발로 211
전화 (02)736-2031(내선 360)
팩스 (02)6677-7775

출판등록 제406-2007-00002호
공급처 (주)다락원
구입 문의 **전화** (02)736-2031(내선 250~252)
　　　　　 팩스 (02)732-2037

값 22,000원
ISBN 979-11-87100-66-9 13590

http://www.darakwon.co.kr

일러두기

1. 칵테일 관련 용어는 외국어 그대로 표기하고 필요한 경우 설명을 덧붙였다.

예) 인퓨전(재료를 액체에 담가 우려내는 기법 또는 그렇게 만든 음료—옮긴이)

2. '옮긴이' 표기가 없는 주석은 편집자 주다.

예) 쿠페 잔(굽이 달린 반구형 술잔)

3. 칵테일 관련 외국어의 원어 표기는 뒤쪽 '찾아보기'에서 확인할 수 있다.

CONTENTS

머리말

친구, 가족과 보내는 가장 즐거운 한때는 종종 칵테일로 시작한다. 안타깝게도 많은 사람들이 크래프트 칵테일(최대한 좋은 품질의 재료로 만드는 정통 칵테일—옮긴이)은 격식을 차려야 하고 딱딱하며 대부분 남성의 영역에 속해 있다고 생각한다. 금주령 이전 시대(골든 에이지(1860~1919년)를 말함—옮긴이)의 칵테일이 크게 유행하면서 여성이 투표를 하거나 혼자 외출할 수 없던 시절의 향수를 자아내는 바와 책, 글 등이 쏟아졌다. 그런 곳에서 그리는 여성은 그저 얌전하고 동행이 있어야 한다. 이렇게 꼼꼼하게 재현된 역사적인 칵테일 문화는 매우 제한적이다. 그렇지만 술을 섞고 배분하는 일은 유연하고 격식이 없으며 즐거운 행위여야 하며, 처음부터 남성의 여흥이었던 것도 아니다.

남편인 제이 슈나이더와 내가 2008년에 바 '엘사'를 열었을 때 뉴욕에는 여러 훌륭한 칵테일 바가 번창하고 있었다. 그 시초인 '밀크 앤 허니'는 클래식 칵테일과 오리지널 크래프트 칵테일의 귀환을 알렸고 이를 시작으로 고전적인 칵테일 바가 기하급수적으로 늘어났다. 그런 바들은 대개 많은 부분이 비슷했다. 길고 뭐가 뭔지 알 수 없는 메뉴, 행동 규칙, 구식 예절 등이 말이다. 콧수염을 기른 바텐더가 온통 가죽으로 뒤덮인 어두운 바에서 완벽하게 만든 칵테일을 떨떠름하게 서빙하는 모습은 그런 칵테일 바의 물결 속에서 흔한 광경이었다.

나는 그런 곳의 명백히 남성적인 인테리어와 분위기, 그리고 이따금 보이는 무뚝뚝한 서비스에 깜짝 놀랐다. 모든 바는 지난번에 갔던 곳의 변주와 같았다. 내부는 아름답게 꾸며진 남성의 동굴이었으며 전문적이지만 때로는 무례한 남성이 술을 내주었다. 그렇지만 그 술들은 언제나 끝내줬다.

우리는 여성도 술을 마시고 싶어 하는 바를 차리면 어떨까 생각했다. 당당하게 여성적인 인테리어, 그럼에도 완벽한 칵테일, 즐거운 음악, 활기 넘치는 분위기, 해박하지만 친절하고 환대하는 태도로 말이다. 우리가 '엘사'를 열 때 목표는 뉴욕에서 칵테일을 마시는 일을 더욱 편하고 늘 즐거운 경험으로 만들자는 것이었다.

다행히 우리는 맨해튼의 로어 이스트 사이드에서 목표를 현실로 만들었다. 그리고 사업을 확장해 브루클린의 그린포인트에 '라모나'를 열고, 코블 힐에는 '엘사'를 재오픈했다. 나는 이 일을 사랑한다. 활기가 느껴지기 때문이다. 우리 사업은 지역 사회의 일부로서 활발히 움직인다. 우리 가게는 사람들이 어떤 일을 축하하거나 도모하는 모임 장소, 휴식을 취하는 안식처, 일생의 사랑이나 애인을 만나는 장소이다. 우리는 이곳에서 셀 수 없이 많은 결혼식, 생일파티, 베이비샤워, 모금 행사를 치렀다. 마치 수많은 지역 주민들의 중요한 순간순간을 함께 경험하는 기분이다.

우리의 재능 있고 독창적인 직원들 사이에는 공동체 의식이 강하다. 우리가 성장하며 손님들에게 늘 발전하는 경험을 제공할 수 있는 원동력은 집단적인 창의력이다. 우리의 여정은 대부분 협력으로 가능했다. 모든 직원, 특히 시동생인 스콧 슈나이더의 선견지명이 없었다면 어떠한 계획도 실현되지 못했을 것이다.

나는 스콧의 열여덟 번째 생일에 에비뉴 A의 한 바에서 그를 만났다. 스콧은 여름이 지나면 프랫 인스티튜트에서 첫 학기를 시작할 예정이었고 당시 내 남자친구였던 제이를 만나러 온 터였다. 다행히도 몇 년 후 스콧은 우리가 원조 '엘사'의 문을 열 때 바텐더 보조로 일에 합류했고 거의 십 년이 되도록 가족 사업을 떠나지 않았다. 이제 스콧은 우리 모든 바의 칵테일 프로그램을 주관하며 우리의 동업자가 되었다.

나는 운 좋게도 매일 친구, 가족과 함께 일을 한다. 이 책도 다르지 않다. 나는 우리가 협력해서 일할 때 최상의 능력을 발휘하고 손님들에게 최고의 경험을 선사할 수 있다고 믿는다. 우리는 서로 격려하며 모든 것이 최고가 되고 다른 무엇과도 같지 않을 때까지 한 번, 열 번, 오십 번 다른 방식으로 시도한다.

이 책의 목표도 마찬가지이다. 당신에게 최고를, 다른 무엇과도 같지 않은 것을 선사하고자 한다. 여기에 예절 수업은 없다. 유리잔이나 얼음의 질에 대해 잘난 척 설교하지도 않는다. 이 책은 여러 가지 훌륭한 칵테일을 어떻게 만드는지 보여주며 각자 갖고 있는 재료에 따라 자유롭게 레시피를 실험해보도록 한다. 친구나 가족에게 즐거운 시간을 선사하려면 타고난 기술이나 많은 연습, 여러 특수한 도구가 필수적이라는 그릇된 생각을 확고하게 만드는 책과 글은 잊자. 사실, 누구나 완벽한 칵테일을 만들 수 있다. 전통 방식으로 만든 비터스에 대해 아무것도 모르고 시간이 부족하거나 예산이 빠듯하더라도 말이다.

칵테일을 만들거나 마시거나 또는 칵테일에 대해 이야기하는 일에 겁먹을 필요 없다. 우리는 널리 알려진 속설들의 일부도 잘못되었음을 밝히고, 그 문제에 관해 가르치길 좋아하는 바텐더든 젠체하는 삼촌이든 누구라도 반박할 수 있도록 해줄 것이다.

여기에 실린 레시피는 할머니 댁에서 에어비앤비 숙소에 이르기까지 어느 곳의 부엌에서나 만들 수 있다. 업그레이드 노트가 있는 레시피도 많으므로 의욕이 있거나 바 용품을 사용할 수 있다면 꼭 시도해보자. 기존의 칵테일을 훨씬 고급스럽게 즐길 수 있다. 그러나 팁을 활용하고 싶지 않으면 하지 않아도 좋다. 그렇더라도 당신이 만드는 칵테일은 여전히 맛있을 것이다.

나는 우리가 '엘사'와 '라모나'에서 느끼는 칵테일에 대한 즐거움을 모두에게 전할 수 있어서 기쁘다. 특히 고전적인 칵테일 바 열풍 속에서 감춰지고 배제되는 기분을 느낀 모든 여성에게 말이다. 친구나 사랑하는 사람과 함께, 그리고 그들을 위해 새로운 칵테일을 서빙하고 나누고 개발하는 일에 모두가 자신감과 능력을 가지길 바란다.

우리의 레시피 중에는 바 용품이 필요한 것도 있고 그렇지 않은 것도 있다. 다음 목록에는 이 책에 소개된 칵테일을 만드는 데 필요한 모든 도구가 망라되어 있다. 물론 나가서 이 모든 것을 살 필요는 없다. 사실, 이 가운데 상당수는 이미 가지고 있을 것이다. 하지만 홈 바용 도구에 투자할 계획이라면 이 목록부터 시작하면 좋을 것이다. 여기에는 우리가 즐겨 사용하는 도구도 모두 포함되어 있다. 하나같이 다 믿을 만하고 효율적인 것들이다.

톨 글라스, 아무거나
여기에 수록된 많은 레시피가 얼음을 채운 톨 글라스(긴 유리컵)에 서빙할 때 가장 좋다. 약 360mL[12온스]가 담기는 잔이면 어떤 것이든 괜찮다.

록 글라스
록 글라스(흔히 위스키에 얼음을 넣어 마실 때 쓰는, 높이가 낮고 바닥이 두꺼운 유리잔) 용량은 대부분 240mL[8온스]나 300mL[10온스]이다. 어느 쪽이든 좋다.

쿠페 잔 혹은 샴페인 플루트 잔

이 책에는 스파클링 와인을 사용하여 축제 분위기를 내는 레시피도 많다. 그러므로 프로세코나 샴페인을 붓기에 적합한 쿠페 잔(굽이 달린 반구형 술잔)이나 샴페인 플루트 잔(길쭉한 샴페인 잔) 중에 선호하는 잔을 준비하길 바란다.

와인글라스

와인글라스는 그 어느 잔보다 자주 쓰인다. 단지 와인뿐만 아니라 상그리아(89페이지 참조)와 아페롤 스프리츠(118페이지 참조)에도 완벽하다. 여차하면 거의 모든 칵테일에 사용할 수 있다.

샷 글라스

양주용 작은 유리잔을 말한다.

보온병 또는 기타 눈속임을 위한 용기

즐거움을 이어가려면 세련되고 안전한 용기가 필요하다.

플라스틱 컵

야외에서 칵테일을 마실 때 우리는 투명한 360mL[12온스]짜리 일회용 컵을 쓰지만 그 밖의 어떤 플라스틱 컵이라도 괜찮다.

머그잔

300~360mL〔10~12온스〕짜리 머그잔이면 이 책의 많은 레시피를 담아낼 수 있다. 핫 사이다(156페이지 참조)와 모스크바 뮬(176페이지 참조)이 대표적이다.

펀치 볼

이 책의 여러 레시피는 파티에서 목마른 손님들을 위해 양을 늘려 펀치 볼(음료를 섞거나 담을 때 쓰는 넓고 우묵한 그릇)에 담아낼 수 있다.

1L 유리 스윙병

유리 스윙병은 인퓨전(재료를 액체에 담가 우려내는 기법 또는 그렇게 만든 음료—옮긴이), 슈러브(식초, 설탕, 과일로 만든 음료—옮긴이), 미리 만든 칵테일까지 온갖 종류의 혼합물을 담거나 서빙하기에 이상적이다. 밀폐 마개가 있으므로 저장 용기로서도 매우 유용하다. 게다가 길고 가늘기 때문에 냉장고 공간을 많이 차지하지 않는다.

피처

질 좋은 유리 피처(손잡이와 주둥이가 있는 물주전자)는 칵테일을 섞고 서빙하기에 매우 좋다. 최소한 8컵〔2L〕을 담을 수 있는 피처면 된다.

슬로 쿠커

슬로 쿠커 하나면 맛있고 따뜻한 칵테일을 많이 만들 수 있다. 명절에 즐기는 칵테일을 내놓을 때 슬로 쿠커만큼 편한 것도 없다. 꼭 필요하다면 가스레인지에서도 따뜻한 칵테일을 만들 수 있지만 명절이라면 가스레인지 위에 이미 자리가 없을 수 있다.

숟가락, 국자, 거품기

액체를 섞거나 뜰 때 사용하는 도구는 아직 한정하지 말자! 언제든 칵테일을 휘저을 태세를 갖추려면 국자와 거품기 외에도 바 스푼, 티스푼, 나무 숟가락 등 다양한 숟가락이 필요할 것이다. 아마 이 가운데 상당수는 이미 부엌에 있을 가능성이 높다.

우드 머들러

머들러(과일 등을 으깰 때 쓰는 막대)를 갖고 있으면 올드 패션드 칵테일이나 여러 무알코올 칵테일을 만드는 데 좋다. 그러나 여기서는 머들러 없이도 만들 수 있는 방법과 대안을 여럿 소개할 것이므로, 머들러가 없다고 절망할 필요는 없다.

과도

칵테일에 곁들일 가니시를 다듬으려면 주방 서랍이나 칼꽂이에 날카롭고 품질 좋은 과도를 마련해두어야 한다.

대형(20cm) 및 소형(10cm) 원뿔형 스트레이너

칵테일을 만들다보면 뭔가를 걸러낼 일이 많으므로 그물망이 매우 촘촘한 원뿔형 스트레이너(체)가 필수이다. 20cm[8인치] 대형과 10cm[4인치] 소형 2개가 있는 편이 좋다. 스트레이너는 불필요한 도구처럼 보이지만 부엌에서 매우 유용하다. 로즈 테킬라 슬리퍼(124페이지 참조) 같이 복잡한 레시피에서도 쓰지만 과일을 행구거나 파스타 면의 물기를 제거할 때도 쓴다.

주서

이 책의 거의 모든 레시피에는 갓 짜낸 과즙이 필요하다. 시중에 나와 있는 것 중 가장 믿을 만하고 공간을 적게 차지하는 주서는 라 챈드의 수동 주서이다. 만일의 경우에는 손으로 짜도 되지만 장담하건대 주서에 투자하면 인생이 훨씬 편해질 것이다.

큰 메이슨 자

나는 집에서 인퓨전을 만들 때 모두 960mL〔1쿼트〕짜리 메이슨 자(식품 저장용 유리 용기의 일종)를 사용한다. 견고하며 씻기 편하고, 뚜껑을 닫아둘 수 있기 때문이다. 또한 가격도 싼 데다 인퓨전을 담지 않더라도 꽃을 꽂거나 뭐든 담을 수 있다.

빨대

빨대는 칵테일을 만들 때 반드시 있어야 하는 아이템이다. 잔에 빨대를 꽂으면 젓개, 빨아 마시는 도구, 장식 역할까지 한다. 주방 수납장이나 자동차 트렁크, 피크닉 바구니, 또는 휴가를 갈 계획이라면 여행 가방에까지 항상 빨대를 넣어두도록 한다.

칵테일 셰이커와 호손 스트레이너

칵테일 셰이커(음료를 혼합할 때 쓰는 도구)는 모든 레시피에서 사용되지는 않지만 하나쯤은 갖고 있어야 한다. 우리의 추천은 보스턴 셰이커라고 불리는 것으로, 무게가 있는 셰이킹 틴 2개가 한 세트로 되어 하나를 다른 하나에 씌우는 형태이다. 스타일리시한 주방용품 코너에서 볼 수 있는 코블러 셰이커(돌려서 여닫는 뚜껑과 마개가 있는 클래식 셰이커)도 좋지만 바나 집에서 제 몫을 하지 못한다. 또한 셰이킹 틴 위에 맞추어 사용하도록 밑면 주위에 스프링이 달린 평편한 호손 스트레이너(잔에 칵테일을 따를 때 얼음 등을 거르는 도구)도 필요할 것이다.

믹싱 글라스

셰이커를 사용하지 않고 음료를 저어서 만드는 칵테일에는 얼음, 칵테일, 숟가락이 모두 들어가는 충분히 큰 유리잔이 필요하다. 유사시에는 파인트 잔[480mL]을 사용해도 되지만 가게에 가면 멋진 믹싱 글라스가 있다. 크리스털로 된 것, 주둥이가 나온 것 등 모두 다 좋다. 적어도 600mL[2와 1/2컵]가 들어가는 크기면 된다.

아이스바 틀과 막대기

아이스바 틀은 거의 어디서나 구할 수 있다. 얼린 내용물이 90~120mL[3~4온스] 정도 나오면 된다. 개인적으로는 내용물을 꺼내기 쉬운 실리콘 몰드를 선호하지만 가지고 있는 것이 플라스틱 틀뿐이라면 그것도 괜찮다.

지거

시중에 나와 있는 지거(칵테일을 만들 때 계량하는 도구)는 스타일과 크기가 매우 다양하다. 스타일에 관계없이 30mL&60mL[1온스&2온스] 지거, 20mL&45mL[3/4온스&1과 1/2온스] 지거, 15mL&20mL[1/2온스&3/4온스] 지거, 이 세 가지가 한 세트인 것을 추천한다.

깔때기 세트

인퓨전이나 갓 짜낸 과즙을 더 예쁜 용기에 옮기거나 할 때 깔때기가 있으면 아주 좋다. 큰 것과 작은 것, 2개가 한 세트인 깔때기면 평생 사용할 수 있다.

분무기

이 책에서는 분무기를 많이 쓰지 않았지만 가끔 칵테일의 맛과 향을 한층 끌어올리기 위해 사용하는 경우가 있다. 분무기가 없다고 세상이 끝나지는 않지만 분무기는 칵테일을 수완 있게 마무리하는 파격적인 방법이다. 온라인이나 잘 갖춰진 주방용품점에서 기본적인 분무기를 살 수 있다.

만돌린 채칼

채칼은 홈 바에 갖춰둘 만한 또 하나의 보너스 무기이다. 일상적인 요리에 쓰기 위해 이미 갖고 있는 사람도 많을 것이다. 채칼이 있으면 힘들이지 않고 과일과 채소를 균일하고 얇게 썰어서 온갖 종류의 아름다운 가니시를 만들 수 있다.

기타

각자의 홈 바이므로 자신의 집과 좋아하는 물건의 연장선에서 생각해
봐야 한다. 멋진 얼음통과 집게, 신기한 종이우산, 다양한 빨대 등 무엇
을 더할지는 각자에게 달려 있다. 이 책의 레시피에서 제안하는 가니시
는 제안일 뿐이다. 칵테일에 싱싱한 난초를 올리든, 리틀 데비 스낵 케
이크를 올리든 손님 접대 스타일에는 각자의 취향이 반영되어야 한다.

기본 기법

칵테일을 만드는 기본적인 기법 몇 가지만 익히면 세상에 있는 거의 모든 칵테일을 만들 수 있다. 이 책의 레시피도 대부분 셰이킹(흔들기), 스터링(휘젓기), 스트레이닝(거르기) 같은 기초적인 기법을 사용할 것이다. 또한 우리는 인퓨전과 시럽을 직접 만드는 법 등 좀 더 고급 기술도 알려줄 것이다. 이러한 정보를 알고 있으면 수십 가지 클래식 칵테일을 만들 수 있을 뿐더러 더 중요하게는 자신만의 레시피를 실험하고 개발할 수 있다.

셰이킹 / 스터링 / 스트레이닝

셰이킹, 스터링, 스트레이닝은 근본적으로 물을 얼마나 넣고 빼느냐에 관한 문제이다.

칵테일을 셰이킹할 때는(보스턴 칵테일 셰이커를 사용할 경우) 어느 쪽이든 편하다고 생각하는 한쪽 셰이킹 틴 안에 액체 재료를 담고 하나당 30mL(1온스) 정도 되는 각얼음을 5~7개 넣는다. 흘리지 않고 자신 있게 흔들 수 있도록 첫 번째 틴 안쪽에 나머지 틴을 거꾸로 세게 쳐서 꽉 끼운다. 양손으로 잡고 20~30초 동안 힘차게 흔든다. 폼은 걱정하지 말고 힘에만 신경 쓴다.

칵테일을 한 번만 거를 때는 모든 액체가 큰 틴에 들어가도록 한 다음 틴을 분리한다. 호손 스트레이너를 틴 위에 올려놓고 집게손가락과 엄지손가락으로 스트레이너를 제자리에 고정한 뒤 칵테일을 준비된 잔에 따른다. 깔끔하게 따르기 위해서는 주저하지 말고 집게손가락을 붓는 쪽으로 밀어 스트레이너 앞부분이 틴 가장자리보다 앞으로 나갈 정도로 단단하게 받치도록 한다.

칵테일을 잔에다 바로 거르지 않고 이중으로 한 번 더 거를 때는 칵테일을 따르지 않는 다른 손으로 작은 원뿔형 스트레이너를 준비된 잔 위로 든다. 이렇게 체를 하나 더 사용하면 칵테일에 얼음 조각이나 부스러기가 전혀 뜨지 않는다. 얼음 없는 칵테일을 부드럽게 마시고 싶을 때 종종 사용하는 방법이다.

칵테일을 스터링할 때는 적어도 2와 1/2컵(600mL) 분량을 담을 수 있는 믹싱 글라스를 사용한다. 일단 잔에 모든 재료를 넣은 다음 얼음을 가득 채운다. 각얼음이 모두 균일하게 클 경우 2~3개쯤 조각내어 위에 올리면 더 빠르고 차갑게 많이 저을 수 있다.

얼음을 조각낼 때는 한 손에 얼음을 들고 무거운 숟가락이나 머들러를 사용해 얼음을 부순다(조심해야 한다!). 제대로 된 스터링은 노력으로 얻어지는 기술이므로 첫 시도에서 잘 하지 못했다고 기분 나쁘게 생각하지 말자. 잔에 바 스푼을 똑바로 꽂은 뒤 잔의 가장자리를 따라 동글게 젓는다. 30초 동안 휘저은 다음 호손 스트레이너를 위에 올리고 준비된 잔에 칵테일을 따른다.

가니시

우리는 가니시를 좋아하며 주의 깊고 세심하게 다룬다. 아름다운 가니
시로 장식된 칵테일을 받으면 환대받고 있다는 느낌이 든다. 어떤 면에
서는 작은 꽃 배달 서비스와 같다.

가니시를 실험해보는 것은 적극 권장할 만하지만 혼자 해보기 전에 몇
가지 기본부터 알아야 한다. 이 책은 제대로 된 제스트(감귤류의 껍질)부
터 복잡하고 복합적인 가니시까지 모두 보여줄 것이다.

시트러스 제스트

과도나 여의찮으면 감자칼을 사용하여 오렌지나 레몬, 자몽 등 감귤
류 과일의 껍질을 2.5×7.5cm(1×3인치) 정도 크기로 벗긴다. 제스트
에 하얀 속껍질이 조금 붙어있다고 세상이 끝나는 것은 아니지만 과육
이 붙어있는 것은 좋지 않다. 잘라낸 제스트를 껍질 면이 밖으로 향하
게 잔 위로 들고 재빨리 서너 번 짜서 향이 좋은 시트러스 오일을 내어
칵테일 표면에 뿌린다. 그리고 껍질 면을 잔 가장자리에 문지른 다음
잔에 걸쳐 장식한다.

시트러스 웨지

레몬과 라임 웨지(쐐기 모양으로 썬 조각─옮긴이)는 가장 보편적인 가니시이다. 웨지를 만들 때는 반드시 날카로운 칼을 사용한다. 우선 과일 양 끝 지저분한 부분을 가능한 한 잘라 제거한다. 그런 다음 과일을 끝에서 끝까지 길게(세로 방향) 반으로 자른다. 자른 반쪽을 단면이 위로 가도록 놓고 이번에는 가로 방향으로 가운뎃부분에 칼집을 내는데, 겉껍질에 구멍이 뚫리지 않도록 조심한다. 나머지 절반도 똑같이 작업해둔다.

보통 과일 반쪽으로 3~4개의 웨지를 만들 수 있다. 아까 자른 반쪽을 단면이 위로 가도록 도마에 놓고 가운데 심을 따라 길게(세로 방향) 반으로 자른다. 똑같은 조각이 2개 나올 것이다. 웨지 윗부분에 심이 얇게 남아있도록 주의하며 각 조각을 다시 길게(세로 방향) 반으로 자른다. 이렇게 자른 웨지는 마치 만화에 나오는 과일 조각처럼 보일 것이다. 앞서 가로로 칼집을 낸 부분이 있으므로 완성된 웨지를 어느 잔에든 꽂기만 하면 된다.

시트러스 휠

시트러스뿐만 아니라 다른 과일이나 채소로 만든 휠(통째로 얇게 자른 조각)은 균일한 두께로 슬라이스만 한다면 단순하지만 우아한 가니시가 된다. 휠을 자를 때는 과도로 할 수도 있지만 조절 가능한 만돌린 채칼이 있으면 매번 완벽한 슬라이스를 만들 수 있다. 얇은 휠은 칵테일 위에 띄우거나 잔 안쪽을 따라 펼쳐서 넣는다. 좀 더 두껍게 자른 휠은 가운데서 껍질 쪽으로 칼집을 내어 잔 가장자리에 걸칠 수도 있다.

설탕 또는 소금 리밍

잔 가장자리에 설탕이나 소금을 묻히는 리밍을 완벽하게 하려면 얕은 접시가 필요하다. 접시에 설탕이나 소금, 또는 둘을 섞어서 붓고 얇게 편다. 잔을 차갑게 해서 가장자리를 촉촉하게 만들거나 좀 더 강한 가니시를 원한다면 잔을 거꾸로 잡고 테두리 주위에 레몬이나 라임 조각(시트러스 웨지)을 문지른다. 그런 다음 안쪽을 깨끗하게 유지하면서 잔 가장자리 바깥쪽을 설탕이나 소금 위에 가볍게 누르면서 굴린다.

칵테일 픽

가니시 여러 개를 결합하는 가장 좋은 방법은 고리 모양 매듭이 있는 10cm[4인치]짜리 대나무 칵테일 픽에 꽂는 것이다. 과일을 통째로 또는 조각내어 편한 순서로 꽂으면 되고, 비율, 위치, 구성 등을 다양하게 시도할 수 있다. 칵테일 픽을 사용하면 가니시 여러 개를 한데 엮을 수 있을 뿐만 아니라 칵테일의 재료를 우아하게 알려줄 수 있다. 예를 들어 블랙베리 민트 레모네이드는 칵테일 픽에 블랙베리와 민트 잎을 함께 꿰어 장식한다. 아니면 거기에 레몬 제스트까지 접어서 민트를 감싸서 끼운 다음 마지막으로 블랙베리를 꽂는다.

신선한 허브

허브는 또 다른 좋은 가니시이다. 칵테일을 마실 때 푸르른 허브 줄기의 향은 모든 감각을 일깨운다. 가장 널리 사용되는 허브 가니시는 민트 줄기이다. 아름답고 튼튼하며 사계절 내내 손쉽게 구할 수 있기 때문이다. 민트 가니시를 준비할 때 우선 할 일은 가능한 한 가장 신선한 민트 줄기를 구하는 것이다. 그런 다음 잎을 위쪽 세 단만 남기고 줄기 아래쪽은 모두 떼어낸다. 남은 잎 아래로 줄기를 2.5cm[1인치] 정도 남기고 나머지는 잘라낸다. 칵테일 위로 잎 다발이 보이도록 줄기를 잔에 넣는다.

허브 가니시의 향을 최대한 끌어내려면 준비한 가니시를 손바닥 사이에 넣고 탁탁 쳐서 향을 살린다. 로즈마리나 타임 줄기는 여러 번 친 다음 잔 위에 걸쳐놓으면 간단하고 매력적인 가니시가 된다.

거품이 있는 칵테일의 경우(특히 얼음을 걸러서 줄 때) 바질, 세이지, 민트 등 충분히 가벼운 허브를 사용하여 완전한 잎 1장을 표면에 띄우면 은은하고 예술적인 마무리가 된다.

비터스
비터스(쓴맛을 내는 약술)는 모든 칵테일에 필요하지는 않지만 칵테일의 미묘한 풍미를 끌어내고 강한 노트를 잡아주는 비법 재료이다. 비터스 시장은 꾸준히 확대되고 있으며 맛의 종류도 웜우드부터 담배, 스모크드 칠리에 이르기까지 다양하다. 비터스는 중성 주정에 향신료, 시트러스 껍질, 허브, 나무껍질 등을 섞어서 만든다. 이러한 것들은 실험적인 칵테일을 만들 때 좋지만 홈 바에는 앙고스투라 비터스만 있으면 다양한 종류의 칵테일을 완벽하게 만들 수 있다.

새로운 비터스 병을 열었을 때는 병이 길들여지도록 한두 번 따라내야 한다. 새 비터스 병은 새 올리브오일 병과 같다. 조금 비워줘야 일정하게 졸졸 나오기 시작한다. 새로 딴 비터스 병을 흔들면 대중없이 쏟아진다. 그렇게 살짝 몇 번 따라내야 칵테일을 제대로 만들 수 있다.

인퓨전과 시럽

인퓨전과 시럽 만드는 것을 두려워할 필요는 없다. 잘 어울려서 풍미가 극대화되는 재료를 사용하기만 하면 만들기가 매우 쉽다. 이 책에서는 여러 가지 인퓨전과 시럽 레시피를 소개한다(116페이지의 업그레이드 노트에 나오는 캐러웨이를 인퓨전한 라이 위스키는 내가 가장 좋아하는 것 중 하나이다). 이를 바탕으로 각자 자신만의 실험을 해볼 수도 있다. 레스토랑이나 바에서는 인퓨전을 장식용으로 몇 달 또는 몇 년 동안 진열해놓는 경우도 있지만 바람직하게는 레시피에서 명시한 기간 동안 인퓨전한 다음 조심스레 걸러둬야 보관 기간을 최대한 보장할 수 있다.

인퓨전과 시럽은 큰 메이슨 자에 만드는 것이 좋다. 편하고 잘 밀봉되기 때문이다. 그렇지만 인퓨전이 마실 수 있게 완성되면 걸러서 바로 유리병에 넣는다. 이때 원뿔형 스트레이너에 커피 필터를 끼워서 사용하면 아주 좋다.

온갖 인퓨전을 편하게 만들 수 있게 되면 인퓨전을 저장할 용기가 더 많이 필요해진다. 인퓨전을 담을 만한 빈 술병을 비롯하여 480mL[16온스]짜리 잡다한 유리병을 보관해두도록 한다. 뚜껑도 잊지 않고 챙겨야 한다! 병을 씻을 때는 싱크대에 따뜻한 물을 가득 받고 베이킹 소다를 몇 큰술 넣은 뒤 물을 채운 빈 병을 푹 담근다. 깨끗이 닦은 병에 접착제가 남아 있다면 행주로 문질러 지운다. 끈질기게 남아있는 얼룩도 수세미로 닦아낸다.

인퓨전은 선물로도 훌륭하므로 명절을 대비해 빈 병을 모아두자!

재료에 관하여

이 책의 레시피에서 익숙하지 않은 재료를 만날 수도 있지만 놀라지 말길. 거의 모든 재료는 온라인이나 동네 식료품점에서 찾을 수 있다. 변형이 꼭 필요한 재료도 있으므로(예를 들어 할라피뇨의 맵기 정도) 항상 맛을 보고 입맛에 따라 조절해야 한다. 우리는 가능한 한 유기농 재료를 사용하려 하지만 이 책의 레시피를 따라하는 데 반드시 필요한 요구조건은 아니다. 유기농 재료를 찾을 수 없거나 그런 데 돈을 쓰고 싶지 않다면 편한 대로 하면 된다. 이 책을 보고 스트레스를 덜어야지 더 받아서는 안 된다.

신선할수록 좋다

화학적으로 보존처리한 '과즙'이 담긴 레몬이나 라임 모양 플라스틱 병을 본 적이 있을 것이다. 이미 냉장고에 있거나 오랫동안 사랑받아온 로즈사의 라임주스라 하더라도 그런 손쉬운 방법으로 칵테일을 만들 생각일랑은 하지 말아야 한다.

모든 시트러스 과즙은 갓 짜서 완전히 걸러야 한다. 밀폐용기에 담은 레몬즙이나 라임즙은 최대 3일까지 냉장 보관되지만 1잔 분량의 레시피를 위해서는 대개 레몬이나 라임 1개를 짜면 알맞을 것이다.

자몽, 오렌지, 파인애플, 망고, 크랜베리의 경우에는 좀 더 자유롭다. 이런 과일의 즙은 제품을 사서 써도 되지만 과즙 100퍼센트인 고급 브랜드를 선택해야 한다.

추천하는 증류주

홈 바를 만들 때는 일련의 증류주를 갖추어야 한다. 아래는 아마로에서 보드카까지 우리가 선호하는 몇 가지 옵션을 가격대별로 정리한 목록이다.

LEVEL 1 $

라이(rye) 위스키: 올드 오버홀트(Old Overholt)

버번(bourbon) 위스키: 포어 로제스(Four Roses)

진(gin): 고든스(Gordon's)

테킬라(tequila): 사우자 블랑코(Sauza Blanco)

메스칼(mezcal): 비다 데 산 루이스 델 리오(Vida de San Luis Del Rio)

보드카(vodka): 룩스소바(Luksusowa)

화이트 럼(rum, white): 앙고스투라 화이트 오크(Angostura White Oak)

다크 럼(rum, dark): 고슬링스(Goslings)

압생트(absinthe): 페르노(Pernod)

브랜디(brandy): 랑디 VS 코냑(Landy VS Cognac)

스카치(Scotch): 듀어스(Dewar's)

비터스 및 희석 음료

앙고스투라 비터스(Angostura Bitters)

리건스 오렌지 비터스(Regan's Orange Bitters)

헬라 스모크드 칠리 비터스(Hella Smoked Chili Bitters)

캄파리(Campari)

아페롤(Aperol)

페르넷 브랑카(Fernet-Branca)

드라이 베르무트(vermouth, dry): 노일리 프랏(Noilly Prat)

스위트 베르무트(vermouth, sweet): 카르파노 안티카 포뮬라(Carpano Antica Formula)

트리플 섹(triple sec): 콤비에르(Combier)

룩사르도 마라스키노(Luxardo Maraschino)

크렘 드 바이올렛(crème de violette)

핌스 넘버원(Pimm's No.1)

그린 샤르트뢰즈(green Chartreuse), 옐로 샤르트뢰즈(yellow Chartreuse)

벨벳 팔러넘(Velvet Falernum)

엘더플라워 리큐어(elderflower liqueur): 생 제르맹(St. Germain)

LEVEL 2 $$

라이 위스키: 불렛 라이(Bulleit Rye)

버번 위스키: 불렛(Bulleit)

진: 포드(Fords)

테킬라: 에스폴론(Espolòn)

메스칼: 우니온(Unión)

보드카: 티토스(Tito's)

화이트 럼: 카냐 브라바(Caña Brava)

다크 럼: 플로르 데 카냐 7(Flor de Caña 7)

압생트: 세인트 조지(St. George)

브랜디: 하인 VS 코냑(Hine VS Cognac)

아마로(amaro): 노니노(Nonino)

싱글 몰트 스카치(single malt Scotch): 라프로익 10(Laphroaig 10)

LEVEL 3 $$$

라이 위스키: 믹터스(Michter's)

버번 위스키: 블랑톤(Blanton's)

진: 플리머스(Plymouth)

테킬라: 포르탈레자(Fortaleza)

메스칼: 델 마게이 산토 도밍고 알바라다스(Del Maguey Santo Domingo Albarradas)

보드카: 에일즈버리 덕(Aylesbury Duck)

다크 럼: 론 자카파 23(Ron Zacapa 23)

브랜디: 뷔스넬 칼바도스(Busnell Calvados)

싱글 몰트 위스키: 야마자키(Yamazaki) 또는 산토리 히비키(Suntory Hibiki)

LEVEL 3   그 외

피스코(Pisco)

베네딕틴(Bénédictine)

드람뷰이(Drambuie)

쿠앵트로(Cointreau)

좋은 사람들의
추천 칵테일과 술

우리는 여행하는 장소, 읽는 책, 듣는 음악, 먹는 음식 등 모든 것에서 영감을 얻는다. 그렇지만 영감을 얻는 가장 큰 원천은 주위 사람들이다. 다행히도 우리에게는 아주 멋진 친구, 이웃, 동업자, 손님으로 이루어진 넓은 인맥이 있다. 그들의 훌륭하고 다채로운 취향 덕분에 우리가 공간이나 레시피, 경험을 창조할 수 있는 것이다.

그래서 당연한 절차로 우리는 좋아하는 지인들 중에 몇몇 흥미로운 여성들을 찾아가서 어떤 술을 좋아하는지 물어보았다. 그들은 우리가 개인적으로나 직업적으로 존경하는 여성이자 각자 재능 있는 예술가, 활동가, 작가, 배우이다. 다들 똑똑하고 재미있고 매력적이라 한마디로 말해 칵테일파티에 초대하고 싶은 여성이다.

접대와 환대는 레시피를 선택해서 만들고 꽃을 사고 공간을 준비하는 일 이상이다. 접대란 함께하는 사람들에 관한 것이며 환대란 상대가 환영과 대우를 받고 있다고 느끼게끔 하는 것이다. 우리는 우리가 좋아하는 이들이 내놓은 답변과 그런 선택을 한 이유가 다양해서 좋았다. 그들의 대답을 통해 모든 호스트가 명심해야 할 점이 더욱 분명해졌다. 바로 모든 손님은 다른 것을 원한다(또는 필요로 한다)는 점이다. 이 책은 언제 어디서나 누구든 접대할 수 있도록, 아니면 주위 사람들에게 영감을 얻고 좋은 칵테일을 즐기도록 도와줄 것이다.

CHAPTER 1

DRINKING FOR ONE

혼자 즐기는 칵테일

혼자 산다.

일요일에 먹는 달걀 치즈 샌드위치에 곁들일

간단한 미첼라다(52페이지 참조)를 만들고 싶다.

아이를 재우고 난 뒤 딱 한 잔이 간절하게 필요한 싱글맘이다.

．
．
．

여기 혼자 즐기기에 완벽한 칵테일을 소개한다.

일에 지쳐 힘든 날에:
올드 패션드
OLD-FASHIONED

오래된 고전(그리고 내가 최고로 좋아하는 칵테일 중 하나)의 두 가지 버전을 소개한다. 첫 번째 버전은 앙고스투라 비터스, 데메라라 각설탕, 머들러를 사용하여 전통적인 방식으로 만든다. 비터스나 바 용품이 없다면? 그런 것 없이 만드는 두 번째 버전도 첫 번째만큼이나 좋다.

VERSION I:
전통적인 올드 패션드

데메라라 각설탕 1개
앙고스투라 비터스 2대시*
소다수 1과 1/2작은술
라이 혹은 버번 위스키 60mL〔2온스〕
각얼음 2∼3개(필요하다면 더 많이)
레몬 1개
오렌지 1개

1잔 분량

록 글라스에 각설탕을 넣고 앙고스투라 비터스와 소다수도 넣는다. 설탕이 녹을 때까지 머들러로 으깬다. 원하는 증류주를 붓는다. 얼음을 넣고 30초 정도 휘젓는다. 원한다면 얼음을 좀 더 넣는다.

가니시를 위해서는 과도 또는 더 편하다면 감자칼을 사용하여 레몬과 오렌지에서 각각 껍질을 한 조각씩 빗긴다. 잘라낸 조각을 한 번에 하나씩 껍질 면이 밖으로 향하게 들고 칵테일 위에서 짠다(29페이지 참조). 칵테일 표면에 시트러스오일이 떠있는 게 보이면 제대로 한 것이다. 옆에서 봤을 때 X자가 되도록 잔에 껍질을 넣는다.

*대시: 비터스병을 한 번 흔들면 나오는 양. 약 5∼6 방울, 1mL 미만—옮긴이

VERSION II:

개량한 올드 패션드

간 넛메그 작은 꼬집

계핏가루 1꼬집

유기농 사탕수수 설탕 2작은술
(혹은 '원당' 2봉지)

라이 혹은 버번 위스키 60mL(2온스)

각얼음 2~3개(필요하다면 더 많이)

가니시(선택)

레몬 혹은 오렌지 제스트 1조각
(29페이지 참조)

오렌지 주스 1작은 스플래시*

1잔 분량

록 글라스에 넛메그, 계핏가루, 설탕을 넣는다. 따뜻한 물 1스플래시를 넣고 잔을 빙빙 돌려 설탕과 향신료를 녹인다. 위스키와 각얼음을 넣는다. 30초 정도 휘젓고 원한다면 얼음을 좀 더 넣는다.

칵테일에 제스트로 가니시를 하고 싶다면 그렇게 해도 좋다! 그렇지 않다면 시트러스 향을 추가하기 위해 오렌지 주스를 넣는다. 아니면 잔 가장자리에 오렌지를 문질러도 된다. 껍질을 벗기거나 할 필요도 없다.

*스플래시: 대시보다 약간 길게 따르면 나오는 양. 약 2~3mL—옮긴이

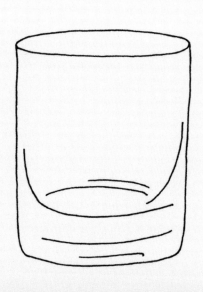

혼자 TV를 보는 밤에:
아페롤을 넣은 메스칼 김렛
MEZCAL GIMLET WITH APEROL

각얼음
메스칼 60mL〔2온스〕
아가베 넥타 20mL〔3/4온스〕
아페롤 1과 1/2작은술
갓 짜낸 라임즙 20mL〔3/4온스〕
각얼음 5~7개
자몽 제스트 1조각
(선택: 29페이지 참조)

1잔 분량

이 칵테일은 잠들기 전 혼자 있는 시간을 즐기며 한잔하기에 딱 좋은 술이다. 메스칼의 스모키함이 풍성한 아가베 향과 섞여 굉장히 아늑한 느낌을 주기 때문이다. 마치 편안함이 칵테일의 형태로 나타난 듯해서 담요를 챙기고 실내화로 갈아 신고 한껏 늘어지게 된다. 그저 리모콘만 가까이 두면 된다. 이 칵테일은 온갖 TV 프로그램을 몰아보는 데 완벽한 짝이 되어준다.

록 글라스에 얼음을 채운다. 셰이킹 틴에 메스칼, 아가베 넥타, 아페롤, 라임 즙을 넣는다. 여기에 각얼음 5~7개를 넣은 다음 30초 정도 셰이킹한다. 스트레이너로 걸러 록 글라스에 따른다. 자몽 제스트를 칵테일 위에다 짠 다음 가니시로 활용해도 멋지지만 솔직히 이것은 완전히 선택 사항이다. 이 칵테일은 그 자체로 놀랍다.

비행기에서 한잔할 때:
기내 DIY 미첼라다
IN-FLIGHT DIY MICHELADA

———

각얼음

블러디 메리 믹스 또는
토마토 주스 30mL(1온스)

라임 웨지 1조각

핫 소스 1~2대시(약 1/2봉지)
(필요하다면 더 많이)

멕시코 맥주 또는 라이트 라거 1캔
(360mL(12온스))

소금 및 후추 1꼬집(선택)

———

1잔 분량

여행에서는 온갖 것을 참아야 하지만 기내 음료카트의 지루한 메뉴는 더 이상 참을 필요가 없다. 이 칵테일은 비행 중의 긴장을 풀어주지만 도수가 높지 않아서 수하물 찾는 곳에서 짐을 제대로 찾지 못할 정도로 취할 염려는 없다. 이 칵테일을 만들려면 사전에 약간의 준비가 필요하다. 그러니까 룸서비스에 딸려 나온 미니 타바스코 병이나 탑승하기 전 공항 푸드 코트에서 받은 핫 소스 한 봉지를 챙겨야 한다. (기내 서비스에서 구할 수 있는) 블러디 메리 믹스나 토마토 주스는 미니 캔의 약 1/4을 사용한다.

플라스틱 컵에 각얼음을 채운다. 준비된 컵에 블러디 메리 믹스를 붓는다. 여기에 라임을 짜 넣고 핫 소스를 뿌린다.

맥주를 천천히 부은 다음 모든 재료가 섞이도록 휘젓고 맛을 본다. 자신의 입맛에 맞게 소금, 후추, 또는 핫 소스를 더 넣은 뒤 직접 만든 이 기내 엔터테인먼트를 즐긴다.

수유하는 여성을 위하여:
핌스 컵 화이트 와인 스프리처
PIMM'S CUP WHITE WINE SPRITZER

오이 슬라이스 6조각

드라이 화이트 와인
120mL(4온스)

핌스 15mL(1/2온스)

각얼음 5~6개
(잔 크기에 따라 조절)

진저에일 90mL(3온스)

1잔 분량

나는 아기 둘을 모유 수유하는 기적적이고도 아찔한 경험을 했다. 솔직히 내 인생에서 그 기간만큼 술이 필요했던 적은 없다. 육아하는 동안 마실 수 있는 알코올의 양에는 한계가 있지만 이 정도 낮은 도수라면 밤에 아기를 재운 후 혹시 울음소리가 들리지 않는지 촉을 세운 상태로 칵테일을 즐길 수 있다.

이 칵테일은 무척 만들기 쉽기 때문에 이제 막 부모가 된 이들에게 적합하다. 말 그대로 반쯤 자면서도 잔에다 바로 부어서 만들 수 있다.

와인 잔 안에 오이 슬라이스를 원하는 대로 조심스럽게 또는 아무렇게나 깐다. 화이트 와인과 핌스를 붓는다. 각얼음을 넣고 그 위에 진저에일을 따른다. 칵테일을 즐긴 다음 잠을 좀 자도록 한다.

칵테일의 3요소

많은 칵테일 전문가들이 좋은 칵테일을 구성하는 3요소인 증류주, 단맛, 신맛이 이루는 '황금비'에 대해 이야기할 것이다. 이는 밸런스를 보장하지만(언제든 좋은 일이다) 한편으로는 상당히 제한적인 공식이기도 하다. 매콤함, 스모키함, 짭짤함 등 많은 흥미로운 맛이 잠재적으로 제외되기 때문이다.

자신만의 칵테일을 개발할 때는 좋아하는 것에서 시작하는 편이 더 낫다. 좋아하는 제철 과일이 있는가? 좋아하는 재료가 흥미롭게 조합된 식사를 했는가? 이런 지점에서 시작하고 거기서부터 진행해보자. 밸런스는 나중에 해결할 수 있다. 칵테일의 개성이 우선이다.

좋은 사람들의 추천 칵테일

━━━━━

기만적으로 독하고 유감없이 쓰다.

내 영혼처럼.

로렌 두카, 저널리스트

━━━━━

네그로니
NEGRONI

각얼음 5~7개,
잔에 넣을 얼음(선택)

배럴 에이지드 진 30mL
〔1온스〕

스위트 베르무트 30mL
〔1온스〕

캄파리 30mL〔1온스〕

오렌지 제스트 1조각
(29페이지 참조)

1잔 분량

우리는 로렌 두카만큼이나 이 고전적인 칵테일을 좋아하고, 우리 가게
에서는 모두 배럴 에이징(오크통에서 숙성시키는 것―옮긴이)한 네그로니
를 제공한다. 배럴 에이징은 복잡하고, 일반적으로 집에서 하기엔 실용
적이지 않다. 하지만 고급 배럴 에이지드 진을 사용하면 한 달간의 과
정을 교묘히 대신할 수 있다. 스위트 베르무트의 경우에 우리는 카르파
노 안티카 포뮬라를 가장 좋아한다.

믹싱 글라스에 각얼음 5~7개를 넣는다. 진, 베르무트, 캄파리를 붓고
바 스푼을 준비한다. 매우 차가워질 때까지 휘젓는다. 스트레이너로 걸
러 록 글라스나 쿠페 잔에 따른다. 그대로 서빙하거나 온더락으로 낸다
(이는 전적으로 마실 사람의 취향에 따른다). 그러나 어떻게 하든 오렌지 제
스트로 오일과 향을 더하고 장식하는 것을 잊지 말자.

CHAPTER 2

DRINKING WITH A PLUS ONE

둘이 즐기는 칵테일

오랜 친구가 찾아오거나 룸메이트와 빈둥거리거나
더 알아가고 싶은 직장 동료와 따로 만날 때
좀 더 재미있는 시간을 보내게 해주는
칵테일 레시피를 소개한다.

자몽 하나로 두 가지 칵테일을:
자몽 진 토닉과 바질 팔로마
GRAPEFRUIT GIN AND TONIC AND BASIL PALOMA

자몽 1개

진과 테킬라 60~120mL〔2~4온스〕

각얼음

토닉워터와 진저에일 240~360mL
〔8~12온스〕 (잔 크기에 따라)

바질 잎 4장

핫 소스 2대시(선택)

빨대 2개

2잔 분량

테킬라를 좋아하는 친구가 놀러오는데 나는 진을 좋아한다면? 자몽 하나만
사면 둘 다 만족할 수 있다!

톨 글라스를 2개 꺼낸다. 자몽에서 가니시 용도의 제스트 2조각을 벗겨
낸다(29페이지 참조). 자몽을 가로로 반 자르고 각 잔에 반쪽 분량의 즙을
짜 넣는다. 각자의 기분과 뭘 만들지에 따라 잔에 각각 원하는 증류주를
30~60mL〔1~2온스〕씩 따른다. 두 잔에 모두 각얼음을 넣는다.

진을 넣은 잔에는 토닉워터, 테킬라 잔에는 진저에일을 각각 120~180mL
〔4~6온스〕씩 넣는다. 자몽 제스트로 오일과 향을 더한 뒤 잔에 넣어 장식
한다. 빨대를 꽂는다.

마지막으로 푸르른 바질 잎 2장으로 장식한다. 오일과 향을 내기 위해 바질 잎을 한 번에 한 장씩 손바닥 사이에 넣고 실제로 박수를 치듯이 친다. 잎 2장을 단순한 부채꼴로 펴서 잔의 측면에 기대어 꽂는다.

UPGRADE NOTE: 원한다면 테킬라 칵테일에 핫 소스 1대시를 넣어 풍미를 더한다. 만약 모험심이 생긴다면 진 칵테일에도 핫 소스 1대시를 넣을 수 있다!

강렬한 인상을 남기고 싶을 때:
다크 앤 스토미
DARK AND STORMY

껍질을 벗기고 다진 신선한 생강 1조각
(1.2~2.5cm[1/2~1인치])
유기농 사탕수수 설탕 2작은술
각얼음
라임 2개
진저에일 180mL[6온스]
다크 럼 120mL[4온스]

2잔 분량

이 칵테일은 원조 엘사 시절부터 오랫동안 손님들에게 사랑받아온 메뉴다. 들어가는 재료는 몇 가지뿐이지만 이를 특별하게 만드는 비법은 신선한 생강이다. 럼의 경우 우리는 고슬링스를 즐겨 사용한다.

톨 글라스 2개에 생강을 나눠 넣는다. 각 잔에 설탕 1작은술을 넣고 머들러나 큰 포크로 잔 밑바닥에 있는 생강과 설탕을 섞으며 생강을 부드럽게 풀어준다. 잔에 얼음을 가득 채운다. 이때 잔에 얼음을 꽉 채우는 것이 증류주를 띄우는 비결이다.

라임을 가로로 반 자르고 각 잔에 반쪽 분량의 즙을 넣는다. 각 잔에 진저에일을 90mL[3온스]씩 또는 잔의 4/5 정도가 차도록 넣는다. 럼을 아주 천천히 조심스럽게 얼음 위로 부어 진저에일 위에 층을 이루도록 한다. 그러면 두 가지 톤이 시각적으로 확 드러나는 고전적인 다크 앤 스토미가 탄생한다.

남은 라임 반쪽에서 휠을 2조각 잘라낸다(31페이지 참조). 휠의 가운데서 껍질 쪽으로 칼집을 내어 잔 가장자리에 걸친다. 빨대를 꽂아서 내놓는다. 마시기 전에 잊지 말고 잔 안에 폭풍이 만들어지도록 빨대로 칵테일의 층을 저어야 한다.

UPGRADE NOTE: 딸기, 바질, 민트 등 좋아하는 다른 것을 생강 대신 또는 생강과 함께 넣으면 자신만의 완전히 새로운 클래식 칵테일을 만들 수 있다. 선택한 과일이나 허브는 얼음이나 증류주를 넣기 전에 먼저 머들러로 으깨야 한다.

클래식 칵테일의 변신:
테킬라 올드 패션드
TEQUILA OLD-FASHIONED

아가베 넥타 15mL
〔1/2온스〕

오렌지 비터스 4대시

레포사도 테킬라 120mL
〔4온스〕

각얼음

오렌지 제스트 2조각
(29페이지 참조)

자몽 제스트 2조각
(29페이지 참조)

2잔 분량

위스키보다 테킬라를 좋아한다면 밤을 즐기기 전에 테킬라 올드 패션 드를 가볍게 만들어보자. 테킬라 올드 패션드는 고급 테킬라를 잘 활용 할 수 있는 아주 좋은 방법이다. 레포사도 테킬라는 어떤 것이라도 괜 찮지만 우리는 포르탈레자를 추천한다.('레포사도'는 '숙성된'이라는 뜻이 며 이 경우에는 오크통에서 숙성시킨 것을 의미한다. 이런 테킬라는 기대만큼 부드럽고 복합적인 풍미를 낸다.)

록 글라스를 2개 꺼내어 아가베 넥타를 나눠 넣는다. 각 잔에 오렌지 비 터스를 2대시씩 넣고 테킬라 절반 분량을 붓는다. 각얼음 2조각을 넣고 잔 겉면이 차가워질 때까지 힘차게 휘젓는다. 각얼음을 1~2조각 더 넣 은 다음 가니시로 장식한다. 가니시로는 오렌지 제스트 1조각과 자몽 제스트 1조각으로 X자를 만들어 칵테일에 넣는다. 이때 껍질은 마실 때 코 높이에 있도록(그리고 칵테일에 완전히 잠기지 않도록) 한다. 나머지 제스트도 똑같이 만들어 두 번째 잔을 장식한다.

UPGRADE NOTE: 더 매콤하고 스모키한 테킬라 올드 패션드를 즐기려면 아 가베 넥타 대신 안초 레예스 칠리 리큐어를, 오렌지 비터스 대신 스모크드 칠리 비터스를 사용한다. 칠리 비터스는 각 잔에 2대시가 아니라 1대시만 넣 는다.

더티 롤링을 피하지 않아도 되는 이유

더티 롤링은 칵테일을 셰이킹한 다음 얼음, 과일, 허브, 시트러스 등 틴에 든 모든 내용물을 거르지 않고 바로 잔에 쏟아 붓는 기법이다. 이 기법은 섬세하고 세련된 스트레이닝 과정 없이 대충 만드는 것으로 여겨지기 때문에 대체로 부당한 비난을 받고 있다.

하지만 칵테일을 훌륭하고 신선한 재료로 만들었다면 더티 롤링은 재료의 질을 과시하는 한 가지 방법이 될 수 있다. 거르지 않기 때문에 빠르고 쉬우며 시각적으로 놀라운 효과를 준다.

나는 더티 플리머스 진 마티니를 좋아하고
기분에 따라 스트레이트나 온더락으로 마신다.
부드럽고 짭짤하며 단도직입적이다.

엘레노어 피엔타, 배우

더티 진 마티니
DIRTY GIN MARTINI

진 80mL (2와 1/2온스)

올리브 절임물 15mL
(1/2온스)

드라이 베르무트 15mL
(1/2온스)

각얼음 5~7개

가니시용 올리브

1잔 분량

더티 진 마티니는 그래야만 하는 것에 비해 많이 알려지지 않았다. 더티 마티니를 좋아하지만 보드카 베이스만 마셔봤다면 좋은 기회를 놓친 것이다. 보드카 마티니에서는 올리브 절임물 맛 밖에 나지 않지만 진 마티니에서는 주니퍼 베리 등 진에 첨가된 여러 향미료가 올리브의 짭짤함과 섞여 새롭고 복합적인 맛이 탄생한다. 올리브 절임물의 경우 냉장고에 있는 올리브 병조림의 국물을 사용하면 된다.

쿠페 잔에 얼음물을 채워 차게 만든 뒤 물은 버린다. 믹싱 글라스를 꺼내어 진, 올리브 절임물, 베르무트, 각얼음을 넣는다. 잘 휘저은 다음 스트레이너로 걸러 쿠페 잔에 따른다. 가니시로는 올리브 1알을 넣어도 되지만 안주를 즐기는 타입이라면 몇 알을 칵테일 픽에 꽂아 잔 가장자리에 걸친다.

CHAPTER 3

DRINKING WITH A CROWD

여럿이 즐기는 칵테일

많은 사람들을 접대해야 할 때 이번 장이 도움이 될 것이다.
여기 이 레시피들은 손님 수에 따라 용량을 늘이거나 줄일 수 있다.
그러므로 디너파티에 와인 대신 평소와 다른 걸
가져가고 싶거나 친구의 베이비 샤워를 위해
50명의 손님을 접대해야 하는 경우를 대비할 수 있다.

영화관에 몰래 가져가기 딱 좋은:
행키 팽키
HANKY-PANKY

페르넷 브랑카 120mL[4온스]

카르파노 안티카 포뮬라 스위트

베르무트 120mL[4온스]

진 120mL[4온스]

오렌지 비터스 8대시

4잔 분량

아주 만들기 쉬운 이 칵테일을 눈속임에 적합한 용기에 담아보자. 각자 동네 영화관이 얼마나 엄격한지에 따라 휴대용 술병이나 보온병, 커피 컵을 사용하면 된다. 함께 가는 친구들이 모두 마실 수 있을 만큼 충분히 준비하자. 이 칵테일은 그냥 마시거나 영화관에서 파는 차가운 콜라에 섞어 마실 수 있다. 콜라와 섞으면 아르헨티나 사람들이 좋아하는 고전인 페르넷 코크의 부드러운 버전이 된다.

피처(또는 계량컵 등 주둥이가 있는 용기)에 페르넷 브랑카, 베르무트, 진, 오렌지 비터스를 넣는다. 잘 휘저은 다음 준비한 휴대용 술병에 붓는다.(피처에서 휴대용 술병으로 옮기려면 작은 깔때기가 꼭 필요할 것이다.) 술병을 가방에 넣으면 준비 끝이다.

어디에나 어울리는 펀치:
빙 체리 보드카 라임 리키
BING CHERRY VODKA LIME RICKEYS

보드카 인퓨전

말린 빙 체리 또는 타르트 체리 115g〔4온스〕

보드카 480mL〔2컵〕

펀치

레인보우 셔벗 960mL〔1쿼트〕

갓 짜낸 라임즙 240mL〔1컵〕

진저에일 480mL〔2컵〕

오렌지 블라섬 워터 15mL〔1/2온스〕(선택)

레몬 휠 10조각(레몬 4~5개, 31페이지 참조)

10잔 분량

많은 사람을 접대해야 할 때 펀치를 만드는 것은 괜찮은 선택이다. 이 펀치 칵테일은 가볍고 상큼하며 하루 중 어느 때나 잘 어울린다. 셔벗과 고급스러운 홈메이드 보드카 인퓨전의 만남은 파티의 오래된 인기 메뉴를 새롭게 만든다. 리드 같은 고급 진저에일을 사용하는 것도 비결이다. 확연한 차이를 느낄 수 있을 것이다. 오렌지 블라섬 워터는 구할 수 없더라도 괜찮다. 오렌지 블라섬 워터가 없어도 이 펀치는 끝내줄 것이다.

보드카 인퓨전을 만들 때는 우선 체리를 깨끗한 960mL〔1쿼트〕짜리 메이슨 자에 넣는다. 여기에 보드카를 붓고 뚜껑을 닫은 뒤 흔든다. 냉장고에 하룻밤 넣어둔다. 체리를 걸러낸 보드카는 펀치를 만들기 전까지 냉장 보관한다.(보드카 인퓨전은 하루 전에 미리 만들어 밀봉 상태로 냉장고에 보관해도 된다.)

펀치를 만들 때는 먼저 셔벗을 냉동실에서 꺼내어 살짝 녹도록 두고 그 사이에 펀치 볼을 꺼내고 재료를 섞는다. 펀치 볼에 라임즙, 진저에일, 오렌지 블라섬 워터를 붓는다. 인퓨전한 보드카를 넣는다.(약 600mL(2와 1/2컵) 가 있어야 한다.)

이제 스쿱으로 뜰 수 있을 만큼 셔벗이 녹았을 것이다. 그렇지 않다면 좀 더 기다린다. 스쿱으로 셔벗을 떠서 펀치 위에 띄운 다음 자연스럽게 표면에 생긴 셔벗 층을 조심스레 유지하면서 서빙 국자로 전체를 살살 휘젓는다.

서빙을 할 때는 각 잔에 칵테일과 셔벗이 적당량씩 담기도록 주의한다. 모든 잔에 2개의 층이 있어야 한다. 잔 가장자리에 레몬 휠을 걸쳐 장식한다.

파티에서 인기인이 되려면:
차모야다 젤로샷 라임 슬라이스
CHAMOYADA JELL-O SHOT LIME SLICES

라임 6개
테킬라 또는 보드카 180mL〔6온스〕
차모이 플럼 소스 15mL〔1/2온스〕
젤라틴 1과 1/2큰술
망고 넥타 300mL〔1과 1/4컵〕
아가베 넥타 120mL〔4온스〕
가니시용 타헌 클라시코
칠리 라임 솔트 시즈닝

12~15잔 분량

이 레시피는 확실히 재미있다. 색이 화려하고 대화의 출발점이 되며 무엇보다 들고 가기 쉽다. 이 멋진 파티 음식은 망고 셔벗으로 만드는, 달콤하면서도 매콤한 멕시코 대중 음식인 '차모야다'에서 영감을 받았다. 이 음식은 보기만큼 맛도 좋고 테킬라나 보드카로 만들 수 있다.
라임을 반으로 자르고 속을 파내야 하는 등 만드는 과정은 지루하지만 노력할 만한 가치가 있을 것이다.

라임은 모두 세로로 반을 가른다. 그중 라임 2개는 즙을 짜서 따로 그릇에 담아 나중을 위해 둔다. 나머지 라임은 흐르는 찬물 아래서 조심스레 뒤집어 과육을 모두 떼어낸다. 과육을 떼어낸 껍질은 다시 바로 뒤집어 흰 속껍질이 붙어 있는 작은 라임 '그릇'으로 만든다.

라임 껍질을 하나씩 넣을 수 있는 미니 머핀틀이 있으면 좋지만 없다면 껍질을 쟁반에 올려놓고 알루미늄 호일로 감싸 지지한다. 그래야 필링을 넣을 때 평평하고 안정적으로 있을 수 있다. 준비된 머핀틀이나 쟁반은 한쪽에 놔두고 필링을 준비한다.

큰 계량컵이나 주둥이가 있는 용기에 테킬라(또는 보드카), 라임즙, 차모이 플럼 소스를 넣고 휘젓는다. 휘젓는 동안 젤라틴을 뿌린다.

별도의 작은 냄비에 망고 넥타와 아가베 넥타를 넣고 은근히 끓어오르도록 가열한다. 냄비 가장자리에 거품이 올라오면(1~2분 만에 올라오므로 가까이서 지켜봐야 한다) 불에서 내려 앞에서 만든 테킬라 혼합물에 넣고 잘 섞이도록 휘젓는다. 이 필링을 준비해놓은 라임 껍질에 조심스레 부어 채우고 젤라틴이 굳을 때까지 적어도 3시간 이상 냉장고에 둔다.

파티가 준비되면 필링을 채운 라임을 반으로 잘라 웨지 형태로 만든다. 서빙용 접시에 담고 위에다 타힌 시즈닝을 뿌려 장식한다.(파티 하루 전에 미리 만들어 뚜껑 있는 용기에 담아 냉장고에 보관해도 된다.)

해변으로 피크닉을 갈 때:
비노 베라노
VINO VERANO

가져갈 가니시(선택)

신선한 민트 줄기 8개

레몬 휠 8조각(레몬 3~4개, 31페이지 참조)

신선한 민트 1다발(약 55g〔2온스〕)

보드카 480mL〔2컵〕

갓 짜낸 레몬즙 480mL〔2컵〕
(약 레몬 8~10개)

아가베 넥타 240mL〔1컵〕

레드 와인 1병(750mL)
(좋아하는 종류로 아무거나)

8잔 분량

이 칵테일은 틴토 데 베라노(스페인 와인의 하나)를 나눠 마실 수 있게 변형한 것이다. 술이 들어간 민트 레모네이드를 만들어 보온병에 시원하게 담아간다. 그런 다음 해변에서 와인을 넣고 마무리 장식을 한다. 칵테일에 넣을 얼음 1팩을 아이스박스에 챙기는 것을 잊어서는 안 된다! 그리고 빨대와 플라스틱 컵을 가져가는 것도 기억하자!

가니시로 좀 더 예쁘게 장식을 하려면 다음과 같이 준비한다. 민트 줄기를 들어 위쪽 잎을 살살 잡는다. 맨 위쪽 연한 잎 5~7장만 남기고 아래쪽 잎은 조심스레 떼어낸다. 그러면 마치 '민트 꽃'과 같은 형태가 남을 것이다. 줄기 끝을 부러뜨린다. 나머지 민트도 똑같이 다듬는다. 민트 꽃을 물에 적신 키친타월에 싸서 비닐봉지에 넣는다. 레몬 휠도 다른 비닐봉지에 챙긴다. 사용할 준비가 될 때까지 냉장 보관한다.

칵테일을 만들 때는 우선 민트 줄기에서 잎을 모두 떼어내고 줄기는 버린다. 떼어낸 잎을 손으로 찢어 에센셜 오일이 나오고 민트 향이 강해지도록 한다. 민트 잎을 깨끗한 큰 보온병에 넣고 보드카와 레몬즙도 넣는다. 아가베 넥타를 섞은 뒤 뚜껑을 닫아 냉장고에 보관한다.

해변에 가면 보온병에 담아간 민트 레모네이드를 플라스틱 컵에 약 1/3 정도 따른다. 얼음을 컵 꼭대기까지 가득 채운다. 다크 앤 스토미(66페이지 참조)를 만들 때 럼을 위에 띄워봤다면 지금 와인으로 무엇을 할 건지 알 수 있을 것이다. 컵에 빨대나 커피젓개를 2개 꽂고 레드 와인을 60mL〔2온스〕 또는 잔이 찰 때까지 조심스레 부어 두 가지 톤이 나오도록 한다.

섞어서 마시길 반복한다. 그리고 준비 없이 온 옆 사람들의 부러움을 느껴보자. 이 레시피는 더 많은 사람과 나눠 마시고 싶은 경우 쉽게 두 배로 늘릴 수 있다.

멋진 가니시를 준비해온 경우에는 각 잔의 측면에 레몬 휠 1개를 넣은 다음 옆에 민트 꽃 1개를 꽂는다.

UPGRADE NOTE : 로제 와인을 사용하면 시각적인 강렬함은 없지만 좀 더 가벼운 칵테일이 된다.

얼음 이야기

얼음은 크고 인상적으로 아름답게 준비할 수도 있지만 얼음의 유일한 조건은 차가워야 한다는 것이다. 얼음이 아무리 아름답더라도 충분하지 않으면 칵테일을 만들 수 없다. 얼음은 늘 생각보다 많이 필요하다. 그러므로 얼음 틀을 여러 개 채워 사용할 준비를 해놓는 일이 모든 홈 바의 필수사항이다.

멋진 얼음 틀이나 칵테일용 얼음끌에 너무 많은 돈을 쓰게 될까봐 걱정하지 않아도 된다. 각얼음 트레이나 몇 개 준비하면 그만이다. 궁극적으로 얼음은 얼음이므로 모양에 상관없이 칵테일을 차갑게 만들어주기 때문이다. 칵테일용 아이스픽과 얼음끌을 가지고 펼치는 쇼는 재미있을 수 있다. 그러나 나는 커다란 구슬 얼음 하나가 든 올드 패션드는 마실 때마다 입이 얼얼해져서 즐겨본 적이 없다.

좋은 사람들의 추천 칵테일

상그리아는 내가 무한 리필 브런치 집을 발견했을 때 좋아하게 되었다.
달콤하고 가볍지만 그만하면 충분하다.

모건 저킨스, 작가

상그리아
SANGRIA

각얼음

레드 와인 1병(750mL)

사과 브랜디 60mL(2온스)

심플 시럽 60mL(2온스)
(116페이지 참조)

다진 사과 1개

원하는 베리 100g(1/2컵)
(라즈베리나 슬라이스한 딸기,
또는 체리도 추천)

휠로 썬 오렌지 1개

휠로 썬 라임 1개

휠로 썬 레몬 1개

4~6잔 분량

상그리아를 만들 때 오래되고 개봉한 레드 와인을 사용해도 된다고 알려져 있지만 우리는 절대 추천하지 않는다. 그렇지만 싼 레드 와인을 사용하는 것은 괜찮다. 사실 이 레시피에는 과일이 많이 들어가기 때문에 좋은 와인을 사용하지 않는 편이 낫다. 이 레시피는 참고용일뿐이므로 편하거나 원하는 방향으로 마음껏 바꾸어도 좋다.

상그리아는 서빙할 피처에 바로 만드는 편이 가장 편하다. 피처에 모든 과일과 심플 시럽, 브랜디를 넣는다. 레드 와인을 붓고 잘 섞이도록 휘젓는다. 모든 풍미가 섞이도록 냉장고에 하룻밤(10~12시간) 동안 둔다. 서빙할 때는 와인 잔에 얼음을 채우고 상그리아를 따른다. 이 칵테일은 모든 과일이 가니시가 되므로 따로 공들이지 않아도 아름답다.

CHAPTER 4

DRINKING TO GET OVER . . . SO MANY THINGS

극복해야 할 일이 많을 때 즐기는 칵테일

누군가가 지독하게 구는가?
어떤 일이 계획대로 되지 않는가?
낙심했는가? 화가 났는가? 초연해졌는가?
우리도 다 겪어본 일이다.
여기 이 칵테일들은 그런 피할 수 없는 힘든 시기를
잘 넘기도록 도와준다.

남친을 차버린 날에:
라스트 워드
THE LAST WORD

진 30mL(1온스)

그린 샤르트뢰즈 30mL(1온스)

갓 짜낸 라임즙 30mL(1온스)

마라스키노 리큐어 30mL(1온스)

각얼음

신선한 민트 잎 1장

1잔 분량

이 고전적인 칵테일은 아주 유명할 뿐만 아니라 준비도 최고로 간단하다. 누가 뭐라고 하든지 이 칵테일과 함께라면 최종 결정권은 본인에게 있음을 확신할 수 있다. 진을 좋아하지 않는다면 선호하는 다른 증류주로 대체한다. 이 칵테일에서 가장 중요한 것은 당신이다. 마라스키노 리큐어의 경우 우리는 룩사르도를 좋아한다.

쿠페 잔에 얼음물을 채워 차갑게 만들어둔다. 셰이커를 꺼내고 큰 셰이킹 틴에 모든 액체 재료를 붓는다. 각얼음 5~7개를 넣고 전 남친을 향한 분노를 떨쳐버릴 수 있을 만큼(적어도 30초 이상) 셰이킹한다.

틴을 분리한 뒤 칵테일이 담긴 틴 위에 호손 스트레이너를 올린다. 차가워진 쿠페 잔을 비우고, 한 손으로 작은 원뿔형 스트레이너를 잔 위에 댄 채로 칵테일을 따른다.

전통적으로 이 칵테일에는 가니시가 없지만 기분이 울적할 때 가니시가 기운을 북돋아준다면 맨 위에 민트 잎을 띄운다. 이는 허브향이 짙은 그린 샤르트뢰즈에 금상첨화이며 향긋하고 아름다운 마무리가 된다.

세상으로부터 휴식이 필요할 때:
프로즌 페인킬러
FROZEN PAINKILLER

페인킬러('진통제'라는 뜻—옮긴이)는 이름값을 한다. 피나콜라다(트로피컬 칵테일의 하나. 럼주에 파인애플 주스와 코코넛을 넣어 만든다)의 변형인 이 칵테일은 트로피컬한 코코넛 향이 기분을 끌어올리는 동시에 고통을 덜어준다. 이 칵테일은 우리 가게에서 가장 인기 있는 여름 메뉴 중 하나이며 어떤 자리에 가져가든 사람들이 레시피를 물을 것이다. 우리는 여기에 브리티시 네이비 퍼서즈 럼을 즐겨 사용하는데, 이것은 여전히 오리지널 영국 해군의 레시피를 따라 서로 다른 서인도 제도의 럼 5가지를 혼합하여 만들어진다. 코코넛 크림의 경우에는 단맛과 코코넛 향이 적절하게 균형을 이루는 코코 로페즈를 사용한다.

갖고 있는 믹서가 작으면 한 번에 레시피의 절반 또는 1/3 분량씩 만들어도 된다. 그렇지 않다면 믹서에 얼음을 제외한 재료를 모두 넣고 잘 혼합되도록 세게 간다. 얼음을 넣고 균일하게 걸쭉하고 부드러워질 때까지 한 번 더 간다.

완성된 칵테일을 원하는 어떤 잔에든 따른다. 우리 바에서는 재미를 위해 360mL[12온스]짜리 갈색 약병을 사용한다. 어떤 용기에 마시든 효과는 있을 것이다. 가니시로는 넛메그를 가볍게 골고루 뿌린다.

럼 300mL[1과 1/4컵]

코코넛 크림 120mL[4온스]

갓 짜낸 오렌지 주스 60mL
[2온스]

파인애플 주스 300mL
[1과 1/4컵]

간 넛메그 1작은술,
가니시용 1꼬집

얼음 3컵

5~6잔 분량

상사가 멍청한가?:
그린 샤르트뢰즈와 페르넷 샷
GREEN CHARTREUSE AND FERNET SHOTS

그린 샤르트뢰즈 30mL〔1온스〕

페르넷 브랑카 30mL〔1온스〕

2잔 분량

힘든 하루를 보냈는가? 이 샷 칵테일이 즉시 바꿔줄 것이다. 이 칵테일 한 잔과 위로해주는 동료 한두 명과 함께 주말을 시작하고, 팀 빌딩을 한 단계 더 끌어올려보자.

이 칵테일에는 셰이커도 필요하지 않다. 잔에서 바로 섞으면 된다. 샷 글라스 또는 여의치 않으면 록 글라스를 2개 꺼낸다. 15mL〔1/2온스〕짜리 지거를 사용하여 각 잔에 페르넷과 그린 샤르트뢰즈를 각각 15mL씩 붓는다. 말 그대로 끝이다. 즐기자!

UPGRADE NOTE: 샷 글라스에 그린 샤르트뢰즈를 먼저 따른다. 그런 다음 페르넷을 위에 뜨도록 최대한 조심스레 부어 두 가지 톤이 나오도록 한다.

좋아하는 사람이 트럼프에게 투표한 사실을 알았을 때:
용과 럼과 고추 시럽을 넣은 피치 다이키리
DRAGON FRUIT RUM, RED PEPPER, AND PEACH DAQUIRI

용과 럼 60mL(2온스)
(레시피는 다음 페이지 참조)

코코넛 고추 시럽 20mL(3/4온스)
(레시피는 다음 페이지 참조)

갓 짜낸 라임즙 20mL(3/4온스)

디미 리큐어 20mL(3/4온스)

라임 비터스 2대시

각얼음 5~7개

유기농 사탕수수 설탕 50g(1/4컵)

흑소금 1과 1/4작은술

1잔 분량

생각을 정리하고 가슴 속 깊이 잠들어 있던 용을 소환하라. 이 상쾌하고 원기를 회복시키는 칵테일이 약간의 도움이 될 것이다. 분명히 분노와 생산성 사이에서 적절한 균형을 찾아 행동을 시작하고 더 나은 세상을 가능하게 하리라 믿는다. 이 칵테일은 지역구 국회의원에게 전화를 하거나 자신이 직접 후보로 나서는 일에 매우 잘 어울린다. 특별히 잔인한 뉴스를 접했을 때에도 언제든 만들어 마실 수 있다. 디미 리큐어는 시트러스와 감초 향이 감도는 북부 이탈리아식 압생트이다.

럼 인퓨전과 시럽이 준비되면 커다란 록 글라스에 얼음물을 채워 차갑게 만들어둔다. 셰이킹 틴에 럼, 시럽, 라임즙, 디미 리큐어, 라임 비터스를 넣는다. 각얼음 5~7개를 넣고 적어도 30초 이상 신나게 셰이킹한다.

잔에 채운 얼음물을 비운다. 얕은 접시에 설탕과 흑소금을 담고 재빠르게 섞은 다음 차가워진 잔 가장자리를 담그고 코팅이 필요한 곳을 굴린다. 리밍한 부분을 건드리지 않도록 조심하면서 잔에 얼음을 채운다.

칵테일을 이중으로 걸러 잔에 담는다(28페이지 참조). 완성이다!

DRAGON FRUIT RUM
용과 럼

**말린 유기농
붉은 용과 115g(4온스)**

화이트 럼 480mL(2컵)

2컵 분량(480mL)

깨끗한 480mL(1파인트)짜리 메이슨 자에 용과와 럼을 넣고 섞는다. 뚜껑을 덮고 냉장고에 1시간 동안 넣어둔다. 용과를 걸러내면 완성이다.(이 럼 인퓨전은 밀봉 상태로 냉장고에서 2~3주 동안 보관 가능하다.)

COCONUT PEPPER SYRUP
코코넛 고추 시럽

붉은 고추 플레이크 28g(1온스)

**가루로 빻은 가당
코코넛 플레이크 30g(1/2컵)**

**유기농 사탕수수
설탕 200g(1컵)**

뜨거운 물 240mL(1컵)

2컵 분량

메이슨 자에 모든 재료를 넣고 뚜껑을 닫은 뒤 설탕이 녹을 때까지 잘 흔든다. 냉장고에 하룻밤 또는 최소한 8시간 동안 둔다. 걸러서 깨끗한 용기에 담고 칵테일에 사용할 준비가 될 때까지 냉장 보관한다.(밀봉 상태로 냉장고에서 3~5일 동안 보관 가능하다.)

베르무트에 관한 진실

베르무트는 언제나 냉장 보관해야 한다. 이 향미를 강화한 와인은 잘만 보관하면 3개월 동안 사용할 수 있다. 그러므로 병을 따면 즉시 냉장고에 넣자. 베르무트에는 드라이와 스위트 두 종류가 있다. 우리가 선호하는 드라이 베르무트 브랜드는 노일리 프랏 엑스트라 드라이이지만 동일한 가격대의 다른 브랜드도 좋은 선택이다.

스위트 베르무트는 완전히 이야기가 다르다. 우리에게는 오직 한 가지 브랜드밖에 없다. 바로 카르파노 안티카 포뮬라. 이 이탈리아 베르무트는 베르무트의 완벽한 예이다. 풍성하고 균형이 잘 잡혔으며 함께 짝을 이루는 증류주에서 최상을 이끌어낸다.

와인

나는 어리석을 정도로 까다롭지 않은 내 음주 습관이

게으른 알코올 중독자처럼 보일까봐 걱정이다.

그렇다고 모든 종류의 술을 다 마신다는 뜻은 아니다.

나는 가끔 마시는 맥주를 제외하면 와인만 마신다.

그러나 맥주든 와인이든 내 취향은 대학 신입생만큼이나 시작 단계에 머물러 있다.

레드 와인을 마실 때는 피노 누아를 좋아하지만
영화 〈사이드웨이〉를 감수성이 예민한 시기에 보았기 때문일지도 모른다.

화이트 와인을 마실 때는 소비뇽 블랑을 좋아하지만 왜 그런지 이유는 정말 말할 수 없다.

위험을 피하려면 나는 뵈브 클리코만 마셔야 할 것이다.
물론 그것은 내가 라크루아 스파클링 워터 라임 맛 외에 꼭 쟁여 놓는 유일한 음료이다.

엠마 스트라우브, 작가

와인에 관한 아주 짧은 한마디

한 페이지로는 와인에 관해 어떤 새로운 사실을 이야기하기에 부족하다. 그러나 칵테일과 함께 또는 칵테일 대신 내놓을 수 있는 와인에 대해 몇 가지 제안은 할 수 있다. 모든 사람이 항상 칵테일을 원하지는 않는다. 나는 식사를 시작할 때나 밤에는 스파클링 와인, 여름의 해피 아워에는 뮈스카데, 또는 리즈 레몬(미국 드라마 〈30Rock〉의 주인공—옮긴이)이 가장 좋아하는 피노 그리지오, 서늘한 계절에는 피노 누아나 프리미티보 같이 사람을 기분 좋게 하는 라이트한 레드 와인을 즐겨 내놓는다. 그렇지만 와인으로 만드는 칵테일도 많이 있다. 이 책에도 와인이 들어간 레시피가 많다. 더 많은 내용은 55페이지와 190페이지 참조.

CHAPTER 5

DRINKING WITH FAMILY

가족과 즐기는 칵테일

가끔은 일가친척과 즐길 수 있는 칵테일이
무엇보다 필요할 때가 있다.
그런 웰컴 드링크가 있으면
가족의 매우 힘든 순간마저도 부드러워진다.

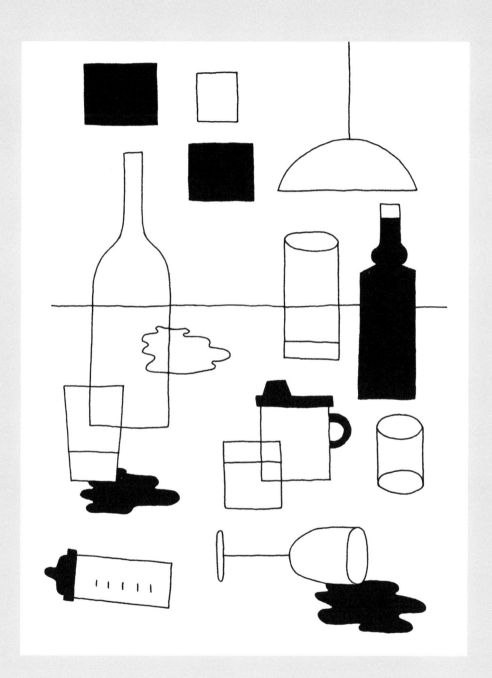

즐거운 겨울 연휴를 위하여:
넛메그 버번을 넣은 에그노그
EGGNOG WITH NUTMEG BOURBON

통넛메그 3개

버번 위스키 360~480mL
〔1과 1/2~2컵〕

유기농 달걀 8개
(가족이 날달걀을 먹지 않는다면
저온살균 달걀도 괜찮다.)

유기농 사탕수수 설탕 145g
〔2/3컵과 1큰술〕

유기농 무균질 우유 960mL〔4컵〕

유기농 헤비 크림 480mL〔2컵〕

10~12잔 분량

크리스마스와 연말연시가 다가오면 손님 각각에게 맞춰 일일이 음료를 만들지 말고 이 멋진 겨울 펀치로 접대를 간소화하자. 이 칵테일은 예전에 먹어보고 진저리쳤을 수도 있는, 가게에서 파는 지나치게 단 에그노그와는 전혀 다르다. 신선한 재료는 모두 유기농을 사용하고 럼 대신 버번을 넣는다. 당신의 아버지는 아마 말도 못하게 깜짝 놀랄 것이다. 에그노그를 준비할 시간만 충분하면 된다. 버번을 하룻밤 동안 인퓨전해야 하며 당일에는 서빙하기 전에 차갑게 만들 몇 시간이 필요하다.

이 칵테일을 내놓기 전날 밤에 나무망치나 무거운 책으로 넛메그를 깨뜨려 깐 다음 깨끗한 480mL〔1파인트〕짜리 메이슨 자에 넣는다. 버번을 붓고 뚜껑을 덮은 다음 하룻밤 또는 적어도 6시간 동안 냉장고에 넣어둔다.

넛메그를 걸러낸 버번을 한쪽에 둔다. 달걀의 흰자와 노른자를 분리해 큰 믹
싱 볼 2개에 각각 담는다. 노른자에 설탕 130g[2/3컵], 우유, 크림을 넣는다.
균일하게 섞일 때까지 1~2분 동안 거품기로 휘저은 다음 버번 360mL[1과
1/2컵]를 더한다.(나머지 버번은 강하게 마시고 싶어 하는 손님이 있을 경우를 대비
해 여분으로 남겨 놓는다.) 그릇째 냉장고에 넣는다.

깨끗한 거품기나 핸드믹서를 사용하여 달걀흰자를 휘젓는다. 흰자거품을
들어 올렸을 때 끝이 부드럽게 서면 나머지 설탕을 천천히 넣는다. 펀치 볼
을 꺼낸다. 먼저 차가워진 노른자 혼합물을 조심스레 부은 다음 흰자거품
을 천천히 완전하게 섞는다. 결과물을 냉장고에 넣고 완전히 차가워질 때까
지 2~3시간 정도 둔다. 맨 위에 머랭 층이 눈처럼 하얗게 떠있는 게 보이
면 완성이다.

국자를 사용하여 펀치 글라스나 머그잔에 서빙하고, 각 잔에 커스터드와 머
랭이 같은 양으로 담기도록 한다.

UPGRADE NOTE: 매콤한 풍미를 더하려면 치폴레 페퍼(불에 구워 말린 할라
피뇨—옮긴이) 2~3개를 썰어 버번에 넛메그를 인퓨전할 때 넣는다.

엄마를 위한 베스트 칵테일:

코스모

COSMO

**엄마가 좋아하는 보드카
60mL〔2온스〕**

각얼음 5~7개

**갓 짜낸 라임즙 20mL
〔3/4온스〕**

쿠앵트로 20mL〔3/4온스〕

가당 크랜베리 주스 15mL〔1/2온스〕

라임 휠 1조각(31페이지 참조)

**오렌지 제스트 1조각
(선택, 29페이지 참조)**

**진하게 우려 상온으로 식힌
히비스커스 차 60mL
〔1/4컵〕(선택)**

1잔 분량

때때로 엄마는 그냥 코스모(코스모폴리탄 칵테일을 줄여 부르는 말)를 마시고 싶어 한다. 우리 엄마가 그렇다. 엄마들은 아마 〈섹스 앤 더 시티〉 스타일의 코스모에 익숙할 것이다. 지나치게 달고 수준 이하의 재료로 만들었으며 (형편없는 디자인 덕분에 즉시 쏟을 게 분명한) 우스꽝스럽게 커다란 마티니 잔에 나오는 것 말이다. 이 칵테일을 가능한 한 최상의 재료로 만들어서 우아한 쿠페 잔에 담아 엄마를 행복하게 해주자.

쿠페 잔에 얼음물을 채워 차갑게 만들어둔다. 잔이 차가워지는 동안 칵테일을 준비한다.

셰이킹 틴에 보드카를 붓는다. 각얼음 5~7개를 넣는다. 라임즙과 크랜베리 주스, 쿠앵트로도 넣는다. 약 30초 동안 셰이킹한다. 쿠페 잔의 얼음물을 버린다. 모든 액체가 큰 틴에 들어가도록 한 뒤 셰이킹 틴을 분리하고 이중으로 걸러 잔에 담아(28페이지 참조) 엄마가 마셔본 코스모 중에서 가장 부드럽게 만든다.

가니시로는 잔 가장자리에 라임 휠을 꽂는다. 좀 더 화려하게 하고 싶다면 오렌지 제스트를 칵테일 표면 위로 짠 뒤에 라임 휠 옆에 올린다. 원한다면 라임 휠을 히비스커스 차에 담가 분홍색으로 물들인다.

UPGRADE NOTE: 가니시로 장식한 칵테일 위로 분무기를 사용하여 장미수를 뿌린다. 이 우아하고 향기로운 마무리 덕분에 엄마는 다음 번 외출에서 좀 더 모험적인 메뉴를 주문할지도 모른다.

할머니를 위한 베스트 칵테일:
사제락
SAZERAC

압생트 1과 1/2작은술

각얼음

라이 위스키 60mL〔2온스〕

페이쇼즈 비터스 4대시

앙고스투라 비터스 2대시

홈메이드 심플 시럽 1과
1/2작은술
(레시피는 다음 페이지 참조)

레몬 제스트 1조각
(29페이지 참조)

5~6잔 분량

할머니, 할아버지는 대개 증류주가 강한 칵테일을 주문한다. 경험으로 볼 때 맨해튼, 네그로니, 마티니가 노년층에게 매우 인기 있다. 우리 할머니 같은 분이라면 올드 패션드를 전통적인 뉴올리언스 방식으로 변형한 이 칵테일을 좋아할 것이다.

록 글라스에 압생트를 붓고 각얼음 2개를 넣은 다음 잔을 빙빙 돌려 안쪽을 완전히 코팅한다. 잔을 내려놓고 나머지 사제락을 만든다. 여기에는 480mL〔1파인트〕짜리 믹싱 글라스가 적합하다.

믹싱 글라스에 라이 위스키를 붓는다. 페이쇼즈 비터스, 앙고스투라 비터스, 심플 시럽도 넣는다. 믹싱 글라스에 얼음을 채우고 45초~1분 동안 계속 휘젓는다.

록 글라스를 다시 들고 압생트를 몇 번 더 돌린다. 불투명한 밝은 녹색이 되어야 한다. 얼음과 압생트를 버리고, 라이 위스키와 비터스를 섞은 칵테일을 스트레이너로 걸러 잔에 담는다. 레몬 제스트로 오일과 향을 더한 뒤 버린다.

UPGRADE NOTE: 일반 라이 위스키 대신 캐러웨이를 인퓨전한 라이 위스키를 사용해보자. 인퓨전을 만드는 방법은 다음과 같다. 480mL〔1파인트〕짜리 메이슨 자에 캐러웨이 씨를 60g〔1/2컵과 1큰술〕 넣는다. 여기에 라이 위스키를 붓고 뚜껑을 닫은 뒤 냉장고에 하룻밤 넣어둔다. 커피 필터를 깐 깔때기로 걸러서 깨끗한 메이슨 자나 병에 담는다. 이 캐러웨이 라이 위스키는 원하는 대로 사용해도 되고 선물로 활용할 수도 있지만 무엇보다 꼭 사제락에 넣어 먹어봐야 한다.(인퓨전한 라이 위스키는 밀봉 상태로 냉장고에서 2~3주 동안 보관 가능하다.)

SIMPLE SYRUP
심플 시럽

유기농 사탕수수 설탕 200g〔1컵〕
뜨거운 물 240g〔1컵〕

―――――――

1과 1/2컵 분량

480mL〔1파인트〕짜리 메이슨 자에 설탕을 넣는다. 물을 붓고 뚜껑을 닫은 뒤 설탕이 녹을 때까지 힘차게 흔든다. 이대로 그냥 사용하거나 뚜껑을 열어 상온으로 식혀서 사용하면 된다. 이 레시피는 원하는 분량만큼 얼마든지 만들어 사용할 수 있다.(시럽은 밀봉 상태로 냉장고에서 최대 일주일까지 보관 가능하다.)

누군가의 가족에게 좋은 인상을 남기고 싶을 때:
아페롤 스프리츠
APEROL SPRITZ

각얼음

아페롤 90mL〔3온스〕

프로세코 360mL〔1과 1/2컵〕

소다수 180mL〔6온스〕

오렌지 제스트 6조각
(29페이지 참조)

6잔 분량

유럽에서 휴가 때 즐겨 마시는 칵테일이다. 이 상징적인 클래식 칵테일은 특별한 경험을 선물한다. 강렬한 노을 같은 색이 눈길을 사로잡고 과일향의 톡 쏘는 탄산이 기분을 즐겁게 한다. 방 안에 모르는 사람들이 가득하더라도 이걸 마시면 마음이 편안해질 것이다. 또한 모험심이 적은 사람이 처음 마시기에도 아주 알맞은 칵테일이다.

샴페인 플루트 잔이나 그와 비슷한 잔을 6개 꺼낸다. 와인 잔도 좋다. 이 칵테일은 셰이킹을 하지 않아도 되기 때문에 아주 만들기 쉽다. 주변에 서 있는 누구에게나 도움을 청해도 된다. 모든 잔에 얼음을 채운다. 각 잔에 아페롤 15mL〔1/2온스〕, 프로세코 60mL〔2온스〕를 넣고 맨 위에 소다수 30mL〔1온스〕를 붓는다.

향긋한 오렌지 제스트를 칵테일 위에다 짠 다음 잔 안에 가니시로 넣는다. 이 칵테일을 나눠주면 금세 인기인이 될 것이다.

UPGRADE NOTE: 프로세코 대신 스파클링 로제 와인을 넣어도 좋다.

기포의 중요성

요즘은 시중에 고급 토닉워터와 소다수가 많이 나와 있다. 그것들은 대개 액상과당을 첨가하지 않고 유기농 재료를 썼다. 그리고 평범한 토닉워터와 소다수의 세련된 대안으로서 칵테일 애호가나 바, 레스토랑에 팔리고 있다.

하지만 슬프게도 재료는 훌륭하나 기포는 그렇지 않다. 그런 특별한 제품의 탄산은 다른 증류주와 혼합하기에 충분하지 않다. 탄산이 많이 함유된 제품, 심지어 지나치게 많다 싶은 정도의 제품을 구해야 한다. 어떤 제품이든 칵테일을 만들 때는 더 많은 액체와 섞이므로 탄산이 사그라지게 마련이다. 그러므로 집에 소다수가 있더라도 탄산이 약하다면 밖에 나가 기포가 가장 많이 나는 제품을 사다가 시작하는 편이 좋다.

좋은 사람들의 추천 칵테일

나는 짠맛과 단맛의 조화, 입과 잔 사이에서 느껴지는 알갱이의 질감을 좋아한다.

마르가리타를 마실 때면 내가 존재하고 있다는 느낌이 더 강하게 들고

주변 세상에 더 민감해져서

소금 알갱이 몇 개를 씹으며 주위를 둘러보곤 한다.

로렌 엘킨, 작가

마르가리타

MARGARITA

리밍용 코셔 소금
라임 웨지 2조각,
갓 짜낸 라임즙 20mL
[3/4온스]
테킬라 60mL[2온스]
아가베 넥타 1과 1/2작은술
오렌지 비터스 2대시
각얼음
라임 휠 1조각
(31페이지 참조)
빨대 1개

1잔 분량

이 레시피에는 고전적인 마르가리타의 모든 맛이 들어 있다. 소금! 라임! 테킬라! 하지만 셰이킹을 할 때 라임 웨지를 넣기 때문에 고전에 완전히 충실하지는 않다. 이 라임 웨지는 적당량의 쓴맛을 더해 균형을 잡아준다. 셰이킹 덕분에 라임 껍질의 미묘한 맛이 모두 우러나와 섞여든다.

얕은 접시에 소금을 얇게 편다. 커다란 록 글라스 가장자리에 라임 웨지를 문지르고 소금에 눌러 코팅한다(31페이지 참조). 셰이킹 틴에 테킬라, 라임즙, 아가베 넥타, 오렌지 비터스와 나머지 라임 웨지를 넣는다. 각얼음 5~7개를 넣은 다음 적어도 30초 이상 셰이킹한다. 소금을 리밍한 잔에 얼음을 채우고 마르가리타를 걸러서 담는다. 라임 휠과 빨대로 장식하고 즐기면 된다!

CHAPTER 6

DRINKING
TO GET SEXY

섹시하게 즐기는 칵테일

특별한(또는 그리 특별하지는 않은) 사람을 처음으로 집에 초대한다면?

10년 넘게 함께 살고 있는 배우자를 위해 칵테일을 만들고자 한다면?

크게 싸우고 난 뒤에 눈치를 살피고 있다면?

여기 이 매혹적인 칵테일들이 깊은 인상을 남기고

로맨틱한 상황으로 이끌 것이다.

혼자 섹시한 기분을 낼 때에도 좋다.

분위기를 잡아야 할 때:
로즈 테킬라 슬리퍼
ROSE TEQUILA SLEEPER

블랑코 테킬라 120mL(4온스)

갓 짜낸 레몬즙 45mL(1과 1/2온스)

생 제르맹 엘더플라워
리큐어 45mL(1과 1/2온스)

크림 드 바이올렛 30mL(3/4온스)

좋은 꿀 1큰술(되도록이면 야생화 꿀)

달걀흰자 2개

각얼음 5~7개

분무기로 2번 뿌릴 만큼의
장미수(아래 내용 참조)

가니시용 말리거나
신선한 장미 꽃잎

2잔 분량

이 칵테일은 제일 멋진 속옷이나 가장 섹시한 음악을 담은 플레이리스트와 맞먹는다. 자신의 매력을 극대화하고 싶을 때 이 조각 같은 칵테일을 만들어 보자. 섹시한 질감과 분홍색 꽃잎이 박힌 대리석 같은 가니시 덕분에 로맨틱한 요소가 더 커진다.

분무기가 없는 경우에는 다른 재료를 넣을 때 장미수도 한 방울 넣은 다음 함께 섞는다.

셰이킹 틴을 꺼내어 테킬라, 레몬즙, 엘더플라워 리큐어, 크림 드 바이올렛, 꿀, 달걀흰자를 넣는다. 얼음을 넣지 않은 채 30~45초 동안 셰이킹한다(이것을 드라이 셰이킹이라고 한다). 틴을 분리해서 각얼음 5~7개를 넣은 다음 다시 1분 정도 셰이킹한다.

우아한 쿠페 잔을 2개 꺼내고 칵테일을 이중으로 걸러 잔에 담는다(28페이지 참조). 거품이 떠 있고 반짝이는 듯이 보일 것이다. 각 잔에 분무기를 사용하여 장미수를 뿌리고, 칵테일의 층을 건드리지 않도록 조심하면서 장미 꽃잎을 살짝 띄운다.

화해하고 싶을 때:
오이와 민트를 넣은 압생트 줄렙
CUCUMBER, MINT, AND ABSINTHE JULEP

신선한 민트 잎 10장

오이 슬라이스 10조각,
가니시용 6조각(약 오이 2개 분량)

흰 각설탕 2개

소다수 195mL(6과 1/2온스)

압생트 45mL(1과 1/2온스)

페르노 45mL(1과 1/2온스)

그린 샤르트뢰즈 45mL(1과 1/2온스)

갓 짜낸 라임즙 45mL(1과 1/2온스)

믹서나 나무망치로 갈거나 조각낸 가얼음

신선한 민트 줄기 2개

짧은 빨대 4개

2잔 분량

이 칵테일은 온 우주에서 가장 산뜻하고 상쾌하게 만든 민트 줄렙이다. 이걸 만들어주면 누구든 당신을 용서할 것이다.

가장 멋진 줄렙 전용 잔을 2개 꺼내고 각 잔에 민트 잎 5장과 오이 슬라이스 5조각을 넣는다. 또 각각 각설탕 1개와 소다수 1과 1/2작은술(1뚜껑 분량)을 넣는다. 각 잔의 내용물을 머들러로 완전히 으깨어 민트와 오이가 섞인 달콤한 매시를 만든다. 잔 2개에 압생트, 페르노, 그린 샤르트뢰즈, 라임즙을 나눠 넣는다.

갈거나 조각낸 얼음을 잔에 채운다(사과를 받는 쪽은 얼음을 부수며 남아 있는 화를 삭이시라). 이때 잔을 완전히 채우기 전에 오이 슬라이스 3조각을 잔 위쪽 가장자리를 따라 부채꼴로 펴서 올린다. 오이 슬라이스가 흐트러지지 않도록 조심하며 얼음을 더 넣는다. 각 잔에 소다수 90mL〔3온스〕를 붓고 짧은 빨대 2개와 민트 줄기 1개로 장식한다.

밖에 나가기보다 집에 있는 편이 좋을 때:
로즈마리와 애플사이다를 넣은 라이 위스키 사워
ROSEMARY AND APPLE RYE SOUR

신선한 로즈마리 줄기 4개

좋은 꿀 2큰술

라이 위스키 120mL
(4온스)

갓 짜낸 레몬즙 60mL
(2온스)

스모크드 칠리 비터스 4대시

각얼음

스파클링 애플사이다
120mL(4온스)

빨대 2개

2잔 분량

본격적인 가을이 찾아오고 연인과 함께(또는 혼자) 집에 있고만 싶을 때 이 칵테일을 만들어 이불 아래서 마셔보자. 가을과 어울리는 애플사이다 향이 피를 제대로 돌게 한다.

셰이킹 틴을 꺼낸다. 로즈마리 줄기 2개에서 잎을 떼어내어 작은 틴에 넣는다(남은 줄기는 버린다). 꿀, 라이 위스키, 레몬즙, 스모크드 칠리 비터스를 넣는다. 각얼음 5~7개를 넣은 다음 알싸하고 향긋한 로즈마리가 다 부서지도록 세게 약 45초 동안 셰이킹한다.

톨 글라스 2개에 얼음을 채우고 셰이킹 틴의 내용물을 이중으로 걸러 각 잔에 절반씩 붓는다(28페이지 참조). 잔의 2/3 정도가 찰 것이다. 그 위에 스파클링 사이다를 붓는다. 남은 로즈마리 줄기 2개를 손바닥 사이에 넣고 쳐서 에센셜 오일을 내어 잔에 향을 더한다. 로즈마리 줄기와 빨대로 장식한다.

근사한 밤에:
테킬라 하바네로 사워
TEQUILA AND HABANERO SOUR

블랑코 테킬라 120mL(4온스)

갓 짜낸 레몬즙 60mL(2온스)

아가베 넥타 45mL(1과 1/2온스)

하바네로 핫 소스 2대시

각얼음

레몬 휠 2조각(31페이지 참조)

2잔 분량

먼저 호감을 표시하고 싶다면 이 칵테일을 만들어보자. 이 테킬라 사워는 적당한 매운맛이 흥미로운 대화를 이끌어내고 체온도 높여준다. 어떤 바텐더는 테킬라와 레몬을 섞지 말라고 말하지만 사실 그렇지 않다. 이 칵테일을 한번 맛보면 알 것이다. 시간을 절약해야 하므로 한 셰이커로 한꺼번에 2잔을 만든다(이것을 더블 배칭이라고 한다).

록 글라스 2개와 셰이킹 틴을 꺼낸다. 틴에 테킬라, 레몬즙, 아가베 넥타를 붓는다. 핫 소스와 각얼음 5~7개도 넣는다. 한 번에 2잔을 만들기 때문에 평소보다 조금 더 오래 45초 가까이 셰이킹한다.

록 글라스에 각얼음을 몇 개씩 넣은 다음 셰이킹 틴을 분리한다. 틴 위에 호손 스트레이너를 올리고 각 잔에 같은 양을 따른다. 레몬 휠로 장식하면 완성이다!

UPGRADE NOTE: 이 칵테일은 그 자체로도 훌륭하지만 고수를 인퓨전한 테킬라로 만들면 한층 더 업그레이드된다. 고수를 좋아하는 경우에는 이 테킬라 인퓨전을 만들어두면 어디든 활용하기 좋다. 혹시 고수를 비누 같은 맛이라고 생각하더라도 한번 시도해보길. 알코올에 인퓨전하면 그런 이상한 맛은 옅어지는 듯하다.

고수 한 다발을 잘게 썰어 1L짜리 용기에 담는다.(줄기는 걱정 말길. 나중에 모두 걸러낼 것이다.) 좋아하는 블랑코 테킬라 1병을 붓는다(그리고 병과 뚜껑을 보관해둔다!). 용기의 뚜껑을 닫고 냉장고에 하룻밤 둔다. 아침에 촘촘한 원뿔형 스트레이너로 걸러 원래의 병에 담는다. 액체에 고수가 조금도 없어야 한다. 그러니까 필요하다면 두 번 거른다.(이 테킬라 인퓨전은 밀봉 상태로 냉장고에서 일주일까지 보관 가능하다.)

애비에이션

이 칵테일은 아주 산뜻하고 매우 여성스럽다.

데이트할 때 마시고 싶은 그런 칵테일이다.

나는 칵테일의 풍미가 사람의 기분을 바꿀 수 있다고 생각한다.

그리고 이 칵테일은 나를 섹시하고 유혹적으로 만든다.

또한 나는 이 칵테일의 겉모습도 무척 좋아한다.

색이 아름답고 멋있어서 알코올이 들어 있는 것처럼 보이지 않는다.

칵테일을 담는 쿠페 잔도 맘에 드는데,
프랑스에서 여성의 가슴 모양을 본떠 만들었다고 했기 때문이다.
그래서 나는 쿠페 잔에 술을 마시면 귀부인이 된 기분이 든다.

바이올렛, 메이크업 아티스트

애비에이션

AVIATION

진 60mL〔2온스〕

갓 짜낸 레몬즙 20mL〔3/4온스〕

마라스키노 리큐어 15mL〔1/2온스〕

크림 드 바이올렛 1과 1/2작은술

각얼음 5~7개

룩사르도 마라스키노 체리 1개

분무기로 1번 뿌릴 만큼의
오렌지 블라섬 워터(선택)

1잔 분량

메이크업 아티스트인 바이올렛이 자신과 같은 이름의 꽃이 들어 있어서 좋아하는 크림 드 바이올렛은 이 칵테일을 매우 특별하게 만든다. 애비에이션은 스타일리시하고 아름다운 고전이다. 그리 널리 알려지지는 않았지만 놓쳐서는 안 될 칵테일이다. 이것은 우리 버전의 애비에이션이다.

셰이킹 틴에 진, 레몬즙, 마라스키노 리큐어, 크림 드 바이올렛을 넣는다. 각얼음을 넣고 셰이킹한다. 틴을 분리하고 이중으로 걸러(28페이지 참조) 차갑게 준비해둔 쿠페 잔에 담는다. 룩사르도 체리를 넣고 잔 위로 오렌지 블라섬 워터를 뿌려 꽃향기를 더한다. 오렌지 블라섬 워터는 없어도 상관없다! 칵테일은 여전히 끝내줄 것이다.

보드카에 대한 오해

많은 칵테일 바가 보드카에 관한 한 불친절하고 이해가 부족하다. 내 기억에 금주령 시대를 재현한 바에서는 보드카 칵테일을 아예 메뉴에 넣지 않은 적도 있었다. 일부 바텐더는 보드카가 "진짜 증류주가 아니"라거나 "아무 맛도 나지 않는다"고 주장한다. 그러나 모두 사실이 아니다. 체계적인 맛 테스트에 따르면 보드카에서도 맛의 범위가 넓을 수 있다. 부드러운 것, 후추향이 나는 것, 심지어 약간 달콤한 것도 있다. 결국 가장 중요한 사실은 보드카가 아주 훌륭하게 균형 잡힌 칵테일을 만들 수 있는 만능 증류주라는 점이다. 칵테일을 마실 사람은 바로 당신이니까 보드카를 좋아한다면 당당하게 주문하자.

보드카 칵테일에 대해 여전히 남의 시선이 신경 쓰인다면 여기 이 오래된 동유럽 증류주에 관한 멋진 사실이 몇 가지 있으니 바에서 얘기해보자. 원래 보드카 칵테일은 '흰 독수리의 컵'이라고 불렸다. 보드카 1.5L〔6과 1/2컵〕로 만드는 이 칵테일은 표트르 대제의 궁전에서 러시아에 도착한 모든 외국 대사에게 대접되었다. 또한 보드카는 덩굴 옻나무로 인한 피부 트러블도 가라앉힌다. 상트페테르부르크에는 보드카 박물관도 있다.

CHAPTER 7

DRINKING IN THE MORNING

낮술로 즐기는 칵테일

낮술은 전통 있는 범국민적 취미이다.
19세기의 나른한 시인이나
시골 저택의 매력적인 여주인 같은
기분을 느끼고 싶다면?
브런치를 만들든 집에서 휴가를 즐기든,
원할 때 언제든지 기분을 낼 수 있도록 준비하자.

당신이 몰랐던 미모사:
오렌지 가니시를 없은 미모사
MIMOSA WITH A TWIST

아페롤 1과 1/2작은술

오렌지 비터스 2대시

갓 짜낸 오렌지 주스
80mL(2와 1/2온스)

프로세코 또는 스파클링 와인
80mL(2와 1/2온스)

신선한 바질 잎 1장

오렌지 제스트 1조각
(29페이지 참조)

1잔 분량

브런치를 좋아한다면 평생 이 레시피가 필요할 것이다. 갓 짜낸(그리고 잘 거른) 오렌지 주스는 감탄을 자아낸다. 혼자 마시려고 1잔만 만들든 한 테이블의 손님들을 위해 많이 만들든 상관없지만 오렌지 주스의 사용에 인색하면 안 된다. 오렌지 주스는 당일에 직접 짜야 한다. 그리고 잔에 과육이나 씨가 조금도 들어가지 않도록 이중으로 걸러야 한다(28페이지 참조).

다들 성급하게 대량으로 만들어 알갱이가 걸리는 미모사를 마셔본 적이 있을 것이다. 하지만 그렇다고 또 다시 그런 수준 이하의 아침을 맞을 필요는 없다. 여기 이 미모사는 놀라울 정도로 간단하게 오렌지의 풍미를 다른 차원으로 끌어올린다. 또한 아페롤로 잔을 헹구어 언뜻 보기에는 매우 기초적인 듯한 칵테일에 복잡함과 깊이를 더한다.

쿠페 잔이나 샴페인 플루트 잔에 얼음물을 채워 차갑게 만든다. 칵테일을 만들기 전에 잔에서 얼음물을 버리고 아페롤을 넣는다. 부엌 싱크대 위에서 잔을 빙빙 돌려 안쪽을 완전히 코팅한다. 남아 있는 아페롤을 버리고 이제 미모사를 만든다.

차갑게 해서 아페롤로 헹군 잔의 맨 아래에 오렌지 비터스를 넣는다. 그리고 오렌지 주스를 붓고 그 위에 프로세코(또는 원하는 다른 스파클링 와인)도 부은 다음 바질 잎을 넣는다. 오렌지 제스트를 칵테일 위에다 짠 다음 껍질은 버리거나 꼬아서 가니시로 잔 가장자리에 걸친다.

UPGRADE NOTE: 아페롤 대신 캄파리나 심지어 압생트로 잔을 헹구면 이 고전적인 브런치 칵테일에 미묘한 변화를 줄 수 있다.

좋아하는 초록색으로 물들이는 일요일 아침:
토마티요 블러디 메리
TOMATILLO BLOODY MARY

껍질을 벗기고 씻어서 주스로 만든
토마티요* 480mL〔1파운드〕

주스로 만든 할라피뇨 1개
(약 55g〔2온스〕)

주스로 만든 풋사과 큰 것 1개
(약 200g〔7온스〕)

씨를 도려내고 주스로 만든 오이 큰 것
1/2개 (약 200g〔7온스〕)

갓 짜낸 라임즙 60mL〔2온스〕

히말라야 바다 소금 또는 코셔 소금 1작은술

홈메이드 심플 시럽 20mL〔3/4온스〕
(116페이지 참조)

각얼음

보드카 240mL〔1컵〕

라임 웨지 4조각(30페이지 참조)

빨대 4개

4잔 분량　　블러디 메리에 싫증을 느낀다면 고전을 변형한 이 칵테일로 미각을 일깨워
보자. 토마티요는 표준화되고 단조로운 토마토 믹스를 대신할 선명하고 활
기찬 대안이 된다. 평소의 블러디 메리 대신 토마티요를 넣은 이 칵테일을
만들어보면 후회하지 않을 것이다. 토마티요 믹스는 그냥 차게 해서 먹어도
맛있지만 하룻밤 두면 풍미가 더욱 완전히 우러난다. 그러므로 미리 만들어
두면 아침에는 여유를 즐기며 손님이 도착하기를 기다릴 수 있다.

*토마티요: 가지과의 식물로 멕시코 요리에 흔히 쓰인다.

전기 주서는 모두가 갖고 있는 주방의 필수품은 아니지만 있으면 이 레시피를 만들 때 유용하다. 만약 주서가 없고 빌리지 못하더라도 괜찮다. 재료를 푸드 프로세서에 넣고 정확한 양만큼 거르면 된다. 주스로 만든 토마티요, 할라피뇨, 사과, 오이를 피처에 넣는다.

라임즙, 소금, 심플 시럽도 넣은 다음 휘젓는다. 적어도 2시간 이상, 더 낫게는 하룻밤 동안 냉장고에 둔다.

서빙할 때는 우선 톨 글라스 4개에 얼음을 채운다. 각 잔에 보드카를 60mL[2온스]씩 붓고 이어서 토마티요 믹스를 150mL[5온스]씩 붓는다(또는 잔이 가득 차면 멈춘다). 가니시로 잔 가장자리에 라임 웨지를 꽂는다. 빨대도 잊지 말도록!

브런치를 진지하게 즐길 때:
엘더플라워 벨리니
ELDERFLOWER BELLINIS

복숭아 주스 또는 복숭아 넥타
60mL(2온스)

생 제르맹 엘더플라워 리큐어
15mL(1/2온스)

차가운 프로세코 150mL
(5온스)

신선하고 깨끗한
세이지 잎 1장

1잔 분량

평범한 구식 벨리니를 쉬운 비법 하나로 업그레이드해보자. 이 방법은 간단하고 아름답지만 예상하기 힘들다. 브런치에 초대한 손님들이 절대 떠나고 싶어 하지 않을 것이다.

커다란 샴페인 플루트 잔이나 와인 잔에 복숭아 주스와 엘더플라워 리큐어를 붓는다. 가볍게 휘저은 다음 프로세코를 천천히 부어 잔을 채운다.

가니시로 세이지 잎을 떠우면 정원에서 마시는 기분이 난다.

월요일이 오기 전에 최대한 즐기려면:
오후의 죽음
DEATH IN THE AFTERNOON

압생트 20mL(3/4온스)
차가운 프로세코 120mL(4온스)
흰 각설탕 1개

1잔 분량

이 퇴폐적인 칵테일과 함께 일요일 오후를 길게 누려보자. 그러나 일찍 잠자리에 들 준비는 해야 한다.

샴페인 잔에 압생트를 붓는다. 차가운 프로세코를 붓고 두 가지가 혼합될 때 마법처럼 나타나는 진줏빛 녹색을 감상한다. 각설탕도 넣은 다음 기분 좋고 흐뭇하게 올라오는 기포를 즐긴다.

고서트 대 클리어리 사건*

1948년 미국 연방 대법원은 바 소유주의 아내나 딸이 아닌 여성이 바텐더로 일하는 것을 금지하는 미시간주의 법에 우호적인 판결을 내렸다. 이는 그렇게 하지 않으면 여성 바텐더가 사회적으로나 도덕적으로 위험에 처할 수 있다는 주장을 받아들인 것이었다.

이러한 결정이 뒤집어진 것은 1976년에 이르러서이다.(1974년까지 여성은 술집에서 자신의 술값을 신용카드로 한꺼번에 지불할 수도 없었다. 그때까지 여성은 아버지나 남편의 연대 보증 없이 혼자 자신의 이름으로 신용카드 계좌를 열 수 없었기 때문이다.)

*고서트 대 클리어리 사건: 1948년 미국 미시간주에서 술집을 운영하던 여성 고서트가 불평등한 주법에 도전했던 사건.

코스모폴리탄

나에게 코스모는 최고의 여성을 상징한다.

다면적이면서도 잘 섞여 있고 강하지만 달콤하며 언제나 약간의 의외성이 있다.

웨스트 스톡브리지(미국 매사추세츠주 버크셔 카운티에 있는 타운)에는

바텐더 제레미 케니가 유월절(유대교의 축제일 중 하나)에 관한 페미니즘적 상징에

영감을 받아서 만든 아주 놀라운 탠저린 코스모가 있다.

그런 유월절 상징을 사용하는 전통은 한 남성이 유월절 식탁에 오렌지를 놓는 것에 빗대어

예배에서 여성이 감당하는 역할에 이의를 제기하면서 시작되었다.

그 이후로 일부 유대인들이 여성을 존중하는 의미로

종교에서 여성의 상징적 위치를 주장하며 유월절 식탁에 오렌지를 포함시켰다.

레노라 라피두스, 미국 시민자유연맹 여성인권 프로젝트 디렉터

우리의 코스모폴리탄 레시피는 112페이지 참조.

CHAPTER 8

DRINKING WITH PEOPLE WHO DON'T DRINK

무알코올로 즐기는 칵테일

손님 접대의 가장 멋지고 본질적인 특징 중 하나는
모두가 환영받고 중요하게 대우받는다고
느낄 수 있도록 하는 것이다.
그러므로 모든 사람, 특히 술을 마시지 않는 이들까지도
대접할 준비가 되어 있어야 한다.

임신 소식을 아직 밝히지 않은 친구를 위하여:
바질, 석류, 월계수 잎을 넣은 소다
BASIL, POMEGRANATE, AND BAY LEAF SODA

각얼음 5~7개

석류알 1큰술

신선한 바질 잎 5장

갓 짜낸 라임즙 20mL(3/4온스)

아가베 넥타 15mL(1/2온스)

소다수 또는 스파클링 워터 180mL(6온스)

신선한 월계수 잎 2장(또는 바질 잎 2장)

빨대 1개

1잔 분량

이 칵테일은 임신 소식을 비밀로 하려고 하지만 진짜 술을 마시고 있는 것처럼 보이고 그렇게 느끼고 싶어 하는 손님들이 우리 바에서 찾는 메뉴이다. 이 허브를 넣은 소다는 상쾌하고 아름다우며 예비 엄마의 밤을 즐겁게 해준다. 탄산수의 경우 플레인이나 원하는 맛을 선택할 수 있다. 우리는 라크루아 코코넛 스파클링 워터를 즐겨 사용한다.

이 칵테일은 셰이킹 틴에다 넣고 셰이킹해서 만들지만 거를 필요는 없다. 셰이킹 틴에 석류알, 바질, 라임즙, 아가베 넥타와 함께 각얼음을 넣는다. 여기에 인생이라도 달린 듯 바질 잎, 석류알, 얼음이 부서질 정도로 적어도 30초 동안 셰이킹한다.

내용물을 톨 글라스에 몽땅 붓고 위에다 소다수를 충분히 부어 잔을 채운다. 이 칵테일은 손님들이 소용돌이치는 루비색 석류 조각과 밝은 초록색 바질을 볼 수 있어서 특히 매력적이다. 가니시로 신선한 월계수 잎을 부채꼴로 펴서 빨대와 함께 꽂는다.

그냥 술을 마시지 않는 쿨한 이들을 위하여:
할라피뇨 블랙베리 레모네이드
JALAPEÑNO BLACKBERRY LEMONADE

슬라이스한 할라피뇨 2조각

갓 짜낸 레몬즙 30mL(1온스)

블랙베리 4개

홈메이드 심플 시럽 30mL(1온스)
(116페이지 참조)

각얼음

소다수 180mL(6온스)

빨대 1개

1잔 분량

이 어른을 위한 레모네이드는 매콤하고 달콤하며 아주 멋진 색으로 물든다. 이 칵테일은 술을 마시지 않는 사람들이 선택할 수 있는 그저 그런 평범한 메뉴를 대신할 세련된 대안이다.

셰이킹 틴에 할라피뇨 슬라이스 1조각, 레몬즙, 블랙베리, 심플 시럽과 각얼음 5~7개를 넣는다. 적어도 30초 동안 잘 셰이킹한 뒤 스트레이너로 걸러 얼음을 채운 톨 글라스에 붓는다. 그 위에 소다수를 붓는다. 남은 할라피뇨 슬라이스에 칼집을 내어 잔 가장자리에 꽂는다. 빨대도 잊지 말자.

UPGRADE NOTE: 한 단계 더 나아간 가니시를 원한다면 예쁜 이쑤시개에 레몬 휠, 할라피뇨 슬라이스, 블랙베리 1개를 순서대로 꽂아서 장식한다. 아니면 간단하게 민트 잎 몇 장과 블랙베리만 꽂아서 장식할 수도 있다. 어떻게 하든 가니시를 얼음과 잔 사이에 조심스레 끼워 넣은 다음 즐기면 된다.

아이들이 많은 명절에:
버터넛 스쿼시를 넣은 핫 애플사이다
BUTTERNUT SQUASH–HOT APPLE CIDER, IN A SLOW COOKER
(어른들을 위해서라면 버번 위스키 추가)

올스파이스 베리 4개

통정향 1과 1/2작은술

통팔각 4개

카다멈 꼬투리 6~8개

유기농 애플사이다 2L〔8컵〕

유기농 버터넛 스쿼시 퓌레 1캔
(430g〔15온스〕)

가니시(선택)

계피 20g〔3/4온스〕
또는 통계피 6개,
가니시용 통계피 10개

말린 오렌지 슬라이스 6조각

서빙용 버번 위스키(선택)

8~10잔 분량

이 레시피는 너무 맛있기 때문에 슬로 쿠커가 없다면 하나 사라고 권하고 싶다. 이 칵테일을 명절에 선보인다면(우리는 추수감사절에 항상 이 칵테일을 만든다) 슬로 쿠커를 사용하는 편이 가스레인지 위 공간을 확보하고 칵테일을 하루 종일 따뜻하게 마실 수 있어서 좋다. 하지만 슬로 쿠커를 구할 수 없더라도 걱정할 필요는 없다. 냄비에 약하게 끓여서 만들어도 똑같이 맛있다.

슬로 쿠커에서 먼지를 털어 내고 조리대에 작은 공간을 마련한다.(슬로 쿠커는 화재 위험이 없고 이 레시피에 적힌 용량의 액체를 담을 수 있으면 아무것이나 상관없다.) 작은 그릇에 올스파이스, 정향, 팔각, 카다멈을 넣고 섞는다. 향신료나 차를 우리는 동그란 거름망이 있으면 거기에 옮겨 담고, 없으면 커피 필터에 넣고 주방용 실로 묶는다. 슬로 쿠커에 애플사이다를 붓고 버터넛 스쿼시 퓌레를 넣는다. 휘저어서 잘 섞은 다음 향신료를 넣는다. 계피와 오렌지 슬라이스는 바로 넣는다.

슬로 쿠커를 약으로 맞추고 얼마동안 마실지에 따라 4~8시간 동안 끓도록 설정한다. 약에서 3시간 이상 끓으면 이제 마실 수 있다. 가스레인지로 만드는 경우에는 약한 불에서 30분 동안 끓이면 준비 끝이다.

따뜻해진 사이다를 국자로 떠서 240mL[8온스]짜리 머그잔에 담고 신선한 통계피로 장식한다. 술을 마시지 않는 가족들에게는 그대로 내놓으면 되지만 원하는 이들에게는 버번 위스키를 더 넣어주어도 좋다. 명절이지 않은가! 이 핫 사이다에는 사제락용으로 만든 캐러웨이를 인퓨전한 라이 위스키(116 페이지 업그레이드 노트 참조)를 넣어도 아주 좋다.

술을 그만 마시라고 넌지시 권할 때:
히비스커스 아놀드 파머
HIBISCUS ARNOLD PALMER

유기농 사탕수수 설탕 100g(1/2컵)

갓 짜낸 레몬즙 240mL(1컵)
(약 레몬 6~8개)

원하는 티백 4개

말린 히비스커스 꽃 20g(2큰술)

얇게 슬라이스한 레몬 5개

각얼음

빨대 8~10개

8~10잔 분량

이 칵테일은 화려하고 상쾌하며 수분 공급에도 좋다. 좀 더 정신이 번쩍 들게 하려면 아이스티를 만들 때 잉글리시 브랙퍼스트나 여느 질 좋은 홍차를 사용한다. 우리는 얼 그레이를 즐겨 쓴다. 또한 허브티를 사용하면 카페인 없이 즐길 수도 있다.

파티를 열 때에는 요청이 있을 때마다 한 번에 하나씩 레모네이드와 아이스티를 얼음 위에 따로 붓거나 섞은 다음 가니시로 장식해서 낸다. 이 레시피는 쉽게 두 배로 늘일 수 있다.

깨끗한 피처에 따뜻한 물 840mL(3과 1/2컵)를 붓고 설탕을 넣어서 녹인다. 이것을 냉장고에 넣어놓고 레몬즙을 짠다. 차게 식힌 설탕물에 레몬즙을 넣어 레모네이드를 만든 다음 칵테일을 서빙할 준비가 될 때까지 냉장고에 보관한다.

두 번째로 할 일은 아름다운 마젠타 색의 무가당 아이스티를 만드는 것이다. 중간 크기 냄비에 물 1L[4와 1/2컵]를 끓인다. 티백과 히비스커스를 넣고 3~5분 동안 약하게 끓인다. 불을 끄고 티백을 조심스레 건져낸다. 커다란 원뿔형 스트레이너를 내열성 피처 위에 직접 대고 차를 부어서 히비스커스 잎을 모두 걸러낸다. 차가 실온으로 식으면 냉장고에 넣어 보관한다.

칵테일을 만들 준비가 되면 각 유리잔 아래쪽에 얇은 레몬 슬라이스 6조각을 겹쳐서 늘어세운다. 레몬 슬라이스가 잔 옆면과 얼음 사이에 끼워지도록 주의하며 잔에 얼음을 채운다. 앞으로 일어날 시각적인 마법에 방해가 되지 않도록 지금 빨대를 꽂는다. 레모네이드 150mL[5온스]를 잔에 붓는다. 레모네이드 위에 층이 생기도록 아이스티 90mL[3온스]를 조심스레 부어 선명한 두 가지 톤을 만든다.

맨해튼

내가 좋아하는 술에 관한 간략한 역사

21~28세

(뉴욕에 살기 전, 돈은 없지만 즐거웠음, 효율적인 음주) 맥주와 함께 마시는 버번 위스키

28~31세

(이스트 빌리지, 커리어우먼이 되려고 노력함) 올리브를 추가한 더티 마티니

31~40세

(브루클린, 프리랜서, 바텐더 친구 100퍼센트 증가) 라이 맨해튼

41~44세

(늘 이리저리 옮겨 다님) 늦은 밤 호텔 바에서 마시는 비싼 레드 와인

계산서는 즉시 출판사에 청구함.

45세~지금까지

(마침내 뉴올리언스에 정착) 투명한 술로 만든 칵테일

이제 갈색 빛을 띤 술을 마시기에는 나이가 듦. 마티니나 팔로마 같은 종류를 좋아함.

가끔 화창한 날에는 자전거를 타다가 다이키리를 즐기기도 함.

5년 후에 다시 물어봐주길.
나는 내가 영원히 살리라 확신해요.

제이미 아텐버그, 작가

제이미 아텐버그가 좋아하는 칵테일 중 하나:
맨해튼
MANHATTAN

라이 위스키 80mL
〔2와 1/2온스〕

스위트 베르무트 20mL
〔3/4온스〕

앙고스투라 비터스 3대시

각얼음 5~7개

룩사르도 마라스키노 체리 1개
또는 레몬 제스트 1조각
(29페이지 참조)

1잔 분량

제이미의 단골 메뉴가 좋은 이유는 하나가 아니라는 점이다. 한 사람이 일생 동안 다양한 것을 좋아하고, 재정 상태나 사는 곳, 일하는 스케줄에 따라 좋아하는 것이 달라지는 건 지극히 자연스럽고 멋진 일이다. 라이 맨해튼은 사는 곳이 어디든, 바텐더가 어떤 식으로 만들든 상관없이 훌륭하다.

믹싱 글라스에 라이 위스키, 베르무트, 비터스를 넣는다. 각얼음을 넣고 다 같이 휘젓는다. 스트레이너로 걸러서 차갑게 만든 쿠페 잔에 담는다. 가니시로 체리를 칵테일 픽에 꽂아 장식한다. 체리가 없다면 레몬 제스트를 사용한다. 만약 룩사르도 체리를 엄청 좋아한다면 장식할 때 원하는 만큼 많이 꽂아도 된다. 굳이 참을 필요가 없다!

오르자란 무엇인가?

오르자는 구운 아몬드와 장미수로 만든 시럽이다. 이 시럽은 맛있지만 만들려면 시간이 오래 걸리고 구하기도 힘들다. 주로 마이 타이(럼을 베이스로한 트로피컬 칵테일)나 여타 티키 칵테일에 사용된다. 혹시 오르자를 어디서도 구할 수 없다면 심플 시럽 몇 온스에 아몬드 추출물을 1~2대시 넣으면 대신할 수 있다. 손님들은 차이를 알지 못할 것이다.

CHAPTER 9

DRINKING
IN A HURRY

재빨리 만들어 즐기는 칵테일

훌륭한 바를 갖추거나 많은 시간을 투자해야
누군가를 감동시킬 수 있는 것은 아니다.
여기 이 칵테일들은 모두 빠듯한 시간 안에
몇 가지 재료만 가지고 만들 수 있으며
분명히 가족이나 친구, 동료를 깜짝 놀라게 할 것이다.

마지막 순간에 만드는 펀치:
여러 사람을 위한 네그로니
NEGRONIS

캄파리 360mL(1과 1/2컵)

스위트 베르무트 360mL
(1과 1/2컵)

진 360mL(1과 1/2컵)

각얼음

오렌지 제스트 20조각 또는
오렌지 휠 20조각
(선택, 29~30페이지 참조)

20잔 분량

이 펀치는 이보다 더 간단할 수 없다. 여러 사람을 위한 이 네그로니는 가족
과 친구들을 이탈리아의 한 발코니로 즉시 데려다 준다. 이 레시피에서 가장
까다로운 부분은 가니시이다. 완벽하게 만든 오렌지 제스트도 멋지지만 반
드시 필요한 것은 아니다. 아름답고 보석 같은 오렌지 휠로도 쉽게 장식할 수
있다. 진정한 교류를 원한다면 오렌지 제스트를 손님 수에 맞춰 준비한 다음
모두에게 각자의 칵테일에 제스트로 오일과 향을 더하고 장식하는 법을 가
르쳐 줄 수 있다! 이 레시피는 양을 늘리거나 줄일 수도 있다. 동일한 비율만
유지하면 된다. 스위트 베르무트의 경우에는 카르파노 안티카를 추천한다.
진이 취향에 맞지 않는다면? 진 대신 라이나 버번 위스키를 넣어 불바디에
를 만들어보자. 여기에 라이나 버번 위스키를 그대로 두고 베르무트를 드라
이한 것으로 바꾸면 올드 팔이 된다.

펀치 볼이나 피처에 캄파리, 베르무트, 진을 붓고 휘젓는다. 가까이에 큰 얼음통을 둔다. 손님들이 각자 잔에 얼음과 펀치를 원하는 만큼 국자로 떠서 마실 수 있도록 한다. 펀치 글라스든 록 글라스든 가지고 있는 잔이면 어떤 것이든 사용할 수 있다. 가니시도 내고 싶다면 손님들이 직접 장식할 수 있도록 얼음 옆에 오렌지 제스트나 휠을 둔다.

UPGRADE NOTE: 아페롤에 대해 이야기해보자. 캄파리의 사촌격인 아페롤은 캄파리보다 부드럽고 순하다. 과거에 쓴맛을 본 이후로 네그로니를 그다지 좋아하지 않게 되었다면 캄파리를 아페롤로 바꾸어보자. 여전히 아름다운 진홍색이고 상큼하지만 더욱 부드러운 칵테일이 될 것이다.

냉장고의 남은 맥주를 활용할 때:
샌디
SHANDY

홈메이드 심플 시럽 15mL
〔1/2온스〕(116페이지 참조)

갓 짜낸 레몬즙 20mL〔3/4온스〕

차가운 맥주 1캔 또는 1병
(360mL〔12온스〕)

1잔 분량

샌디는 대개 맥주와 레모네이드로 만들지만 뭐가 있는지에 따라 여러 가지 재미있는 조합을 실험해볼 수 있다. 파티를 연 다음 맥주가 이것저것 남았을 때 이 레시피는 제일 맛없는 맥주조차 마실 만하게 만드는 좋은 방법이다.

480mL〔1파인트〕짜리 잔이나 맥주컵, 또는 큰 유리잔에 심플 시럽을 붓는다. 여기에 레몬즙을 넣고 맥주를 따르면 끝이다!

갑자기 축하할 일이 생겼을 때:
클래식 샴페인 칵테일
CLASSIC CHAMPAGNE COCKTAIL

흰 각설탕 1개

앙고스투라 비터스 2~3대시

차가운 샴페인이나 프로세코 또는
다른 스파클링 와인 150mL(5온스)

오렌지 제스트 1조각
(선택, 29페이지 참조)

1잔 분량

이 칵테일은 완벽하게 균형을 이루는 영원한 고전이며 세 가지 재료만으로 믿을 수 없을 만큼 깊은 인상을 남긴다. 또한 친구가 최근에 약혼을 했다거나 승진했다는 소식을 전할 때 당장 잽싸게 만들어낼 수 있다. 이 칵테일은 한 모금씩 마실 때마다 더 달콤해진다. 게다가 1잔을 만들 때와 거의 비슷한 시간 안에 10잔도 만들 수 있다.

가장 멋진 샴페인 플루트 잔에 각설탕을 담는다. 앙고스투라 비터스로 각설탕을 적시고 설탕이 비터스를 충분히 흡수할 때까지 잠시 둔다.

샴페인을 잔에 가득 붓고 건배사를 준비한다. 가니시를 할 필요는 없지만 원한다면 오렌지 제스트가 좋을 것이다.

"파티에서 칵테일 좀 만들어줄래?" 친구의 문자가 왔을 때: 모스크바 뮬

MOSCOW MULES

껍질을 벗기고 깍둑썰기 한
신선한 생강 1과 1/2작은술

갓 짜낸 라임즙 15mL(1/2온스)

보드카 60mL(2온스)

조각내거나 그대로인 얼음

진저비어 60mL(2온스)

라임 휠 1조각(31페이지 참조)

빨대 1개

1잔 분량

뮬은 대개 보드카와 가게에서 파는 진저비어, 라임즙으로 만든다. 이 레시피에 신선한 생강을 더하기만 하면 사람들 사이에 회자되는 칵테일로 변신한다. 그러니 집으로 가는 길에 6개들이 진저비어 1팩과 함께 생강 1톨을 사가자.

뮬 전용 머그잔이나 줄렙용 잔, 또는 360mL(12온스)짜리 아무 잔에 생강을 넣는다. 생강을 머들러로 으깨고 라임즙과 보드카를 넣는다. 잔에 얼음을 채우고 진저비어를 붓는다. 조각 얼음을 사용하는 것이 전통이지만 솔직히 아무 얼음이라도 괜찮다. 빨대를 꽂고 라임 휠로 장식한다.

UPGRADE NOTE: 친구에게 크렘 브륄레(녹인 설탕을 위에 얹은 크림)용 작은 토치가 있다면 장식하기 전에 토치로 라임 휠의 표면을 그슬린다. 그슬린 라임의 향만큼 좋은 것도 없다. 다크 앤 스토미에도 이 가니시를 쓸 수 있다.

유리잔 이야기

시중에 나와 있는 유리 제품은 너무나 많다. 칵테일 종류마다 알맞은 유리잔을 모두 구입하려 한다면 미칠 노릇이며 통장 잔고도 바닥날 것이다.

이 책의 칵테일 레시피는 각자의 라이프스타일과 이미 갖고 있는 유리잔에 따라 쉽게 조절할 수 있다. 그러므로 허리케인 잔이나 마티니 잔이 없다 해서 준비가 덜 되었다고 걱정할 필요가 없다. 레시피는 제안일 뿐 각자 가지고 있는 잔을 사용하면 된다. 칵테일을 맛있게 만들고 멋진 가니시로 훌륭하게 장식했다면 마르가리타를 물 컵에 마신다 해도 아무도 신경 쓰지 않을 것이다.

좋은 사람들의 추천 칵테일

━━━━━━

나는 페르넷 코크를 늘 생각하는 최초의 인간이다.
페르넷 코크는 엄청 맛있고 시원하며 더할 나위 없이 끝내준다.

수니타 마니, 코미디언

━━━━━━

페르넷 코크

FERNET AND COKE

각얼음

페르넷 60mL〔2온스〕

코카콜라 120~180mL
〔4~6온스〕: 우리는
옥수수 시럽이 첨가되지
않은 멕시코 콜라를 즐겨
사용한다.

레몬 제스트 1조각
(선택, 29페이지 참조)

빨대 1개

1잔 분량

이 칵테일은 만들기 쉽고, 콜라가 들어가는 다른 전형적인 칵테일보다
좀 더 흥미롭다. 페르넷은 보통 아페리티프(식전주)로 간주되지만 이 칵
테일은 식사 전이나 도중, 이후에도 즐길 수 있다.

록 글라스에 얼음을 채운다. 페르넷을 따른 다음 위에 콜라를 붓는다.
추가로 시트러스 향을 더하려면 레몬 제스트를 잔 위에 뿌린 다음 가니
시로 잔에 넣는다. 빨대도 꽂는다.

CHAPTER 10

DRINKING
WITH TIME ON
YOUR SIDE

느긋하게 즐기는 칵테일

엄청 끝내주는 칵테일을 만들고 싶다면,
그리고 24시간 이상 준비할 시간이 있다면 여기 이 레시피들을 펼쳐보자.
하나같이 계획과 노력이 좀 더 많이 필요하지만 다음 날 언제든 먹을 수 있다.
이 칵테일들은 디너파티의 빛나는 보석, 휴가지에서의 단골 메뉴가 되고
무엇보다 미리 준비해둘 수 있어서 호스트의 스트레스를 덜어준다.

막대에 얼린 여름:
수박을 넣은 로제 와인 아이스바
SALTED WATERMELON ROSÉE POPSICLES

차가운 로제 와인 480mL(2컵)

잘 거른 신선한 수박 주스 240mL(1컵)
(약 수박 1/4통)

홈메이드 심플 시럽 120mL(4온스)
(116페이지 참조)

젤라틴 1/2작은술

완전한 바질 잎 8장

가니시용 맬든 바다 소금

아이스바 막대기 8개

8개 분량

우리 바에서는 여름 내내 손님들을 위해 수박을 넣은 로제 와인 슬러시를 만드는데, 이는 단연코 가장 인기 있는 여름 한정 메뉴이다. 이 칵테일은 아름답고 엄청 먹기 편하며 연중 가장 더운 시기에 모두를 시원하게 해준다. 대부분의 사람들이 집에 상업용 슬러시 기계를 갖고 있지 않으므로 이 인기 여름 메뉴를 아이스바 형태로 바꾸었다. 어른들을 위한 이 아이스바는 원래의 슬러시만큼 아름답고 상쾌하며 맛있다. 아이스바 틀이 필요하므로 갖고 있지 않다면 사거나 빌려야 한다. 120mL(4온스)짜리 틀이나 더 작은 틀이 이상적이다.

나는 바비큐를 하거나 피크닉을 갈 때, 친구의 해변 별장에 갈 때 이 아이스바를 만들었는데 매번 모두가 예상하지 못한 선물이 되었다. 모든 준비가 전날 밤에 끝나므로 냉동실에서 꺼내어 장식해서 내놓기만 하면 된다. 이 빛나는 핑크색 아이스바는 엄청나게 짜증을 내고 열이 오른 손님까지도 즐겁게 만들 수 있다. 바질의 경우 구할 수 있는 가장 예쁘고 파릇파릇한 잎으로 8장 고른다.

커다란 피처나 믹싱 볼에 로제 와인, 수박 주스, 심플 시럽을 부은 다음 젤라틴을 넣고 젤라틴이 녹을 때까지 휘젓는다. 가장 좋은 결과를 얻으려면 이것을 일단 냉장고에 2시간 동안 넣어두어야 한다.

냉장고에 넣어두었던 혼합물을 아이스바 틀에 중간 표시까지 채우고 나머지는 다시 냉장고에 넣는다. 다음 단계로 가기 전에 바질 잎에 완전히 물기가 없는지 확인한다. 반쯤 채워진 아이스바 표면에 바질 잎을 수련처럼 조심스레 띄운다. 반쯤 채워진 아이스바 틀을 조심스레 냉동실에 넣는다. 휴대선화 타이머를 2시간으로 설정한다.

새로 좋아하게 된 TV프로그램을 보거나 여름철에 어울리는 책을 몇 챕터 읽으며 시간을 보낸 뒤 냉동실에서 아이스바를 꺼낸다. 아이스바 틀에 레드와인 혼합물을 마저 채우고 아이스바 막대기를 꽂은 다음 가득 채워진 틀을 냉동실에 다시 넣고 하룻밤 동안 둔다. 이제 해냈다! 어려운 부분은 끝났다.

다음날 서빙할 준비가 되면 틀에서 아이스바를 꺼낸다. 가니시로 맬든 바다 소금(영국 에섹스에서 나는 소금으로 칼륨, 칼슘, 마그네슘 함량이 높다)을 약간 뿌려서 장식하거나 손님이 직접 뿌려 먹을 수 있도록 준비한다.

UPGRADE NOTE: 이 아이스바에 평범한 심플 시럽 대신 동일한 양의 홈메이드 로즈 시럽을 넣으면 꽃향기를 더할 수 있다. 로즈 시럽을 만드는 법은 다음과 같다. 말린 장미 꽃잎 55g〔2온스〕을 뜨거운 물 480mL〔2컵〕에 2분 동안 담가둔다. 꽃잎을 걸러낸 다음 뜨거운 장미 차에 유기농 사탕수수 설탕 400g〔2컵〕을 잘 녹여 식히면 완성이다. 쓰고 남은 로즈 시럽은 주말 동안 아이스티의 풍미를 더하는 데 사용할 수 있다.(이 시럽은 밀봉 상태로 냉장고에서 3~5일 동안 보관 가능하다.)

피클백 샷과 더티 마티니를 좋아한다면:
망고, 파인애플, 할라피뇨 슈러브
MANGO, PINEAPPLE, AND JALAPEÑNO SHRUB

망고 넥타 480mL〔2컵〕

파인애플 주스 530mL〔2와 1/4컵〕

갓 짜낸 라임즙 180mL〔6온스〕(약 라임 6개)

화이트 식초 120mL〔4온스〕

애플사이다 식초 240mL〔1컵〕

유기농 사탕수수 설탕 230g〔1컵과 2큰술〕

잘게 썬 신선한 딜 40g〔1/2다발〕

슬라이스한 큰 할라피뇨 1개,
가니시용 할라피뇨 휠 12조각
(선택, 31페이지 참조)

각얼음

좋아하는 투명한 증류주 60mL〔2온스〕

라임 휠 12조각(약 라임 4개)
(선택, 31페이지 참조)

12잔 분량

슈러브는 전통적으로 과일 조각을 넣었다가 걸러내는 방식으로 만들지만 여기서는 시간과 노력을 절약하기 위해 과일 주스와 즙을 사용한다. 채소나 과일 한 가지가 아니라 전체 혼합물을 피클처럼 절인다는 점이 특별하다. '엘사'나 '라모나'에서 누군가 슈러브를 주문하면 나는 맛이 복잡하고 달지 않다고 항상 밝힌다. 우리가 만드는 슈러브는 약용 토닉과 거의 비슷하며 약간 콤부차(홍차나 녹차에 설탕과 효모를 넣어 발효시킨 음료—옮긴이)를 연상시킨다. 만약 피클이나 굴, 더티 마티니 등 절임이 주는 맛을 좋아한다면 이것이 딱 맞을 것이다. 이 슈러브는 매콤달콤하고 톡 쏘는 맛이 있다.

이 슈러브는 각자 원하는 대로 테킬라나 진, 보드카, 메스칼(내가 실제로 좋아하는 것)과 섞어 마신다. 파티를 열 경우에는 레시피를 쉽게 2~3배 늘릴 수 있다. 슈러브는 냉장고에서 몇 주 동안 보관 가능하고, 증류주 없이 또는 소다수와 섞어서 마셔도 된다. 샷을 마시고 싶은 기분일 때는 샷을 마신 후에 이 슈러브를 마시면 평범한 피클백 샷(샷을 마신 후 피클 절임물을 잇따라 마시는 것—옮긴이)보다 훨씬 좋다.

뚜껑이 있는 2L〔2쿼트〕짜리 유리 용기에 망고 넥타, 파인애플 주스, 라임즙을 붓는다.(여의치 않은 경우 믹싱 볼과 알루미늄 호일을 사용할 수 있다.) 식초와 설탕을 넣고 설탕이 녹을 때까지 휘젓는다. 딜과 할라피뇨를 넣고 다 같이 한 번 젓는다. 과일이나 채소 피클을 담는 과정과 유사하므로 향신료를 뺄 필요는 없다. 혼합물을 밀봉하고 냉장고에 하룻밤 동안 둔다.

다음 날 슈러브를 크고 촘촘한 원뿔형 스트레이너로 걸러 피처에 담는다. 톨 글라스에 얼음과 좋아하는 투명한 증류주를 채우고 슈러브를 섞는다. 가니시로는 라임 휠과 할라피뇨 휠을 나란히 꽂아 이중으로 장식한다.(걸러낸 슈러브는 밀봉 상태로 냉장고에서 최대 1개월까지 보관 가능하다.)

UPGRADE NOTE: 좀 더 맛을 부드럽게 하고 솜씨를 약간 부려 보려면 슈러브와 원하는 증류주를 동일한 양(시작은 각각 60mL〔2온스〕가 좋다)으로 붓고 오렌지 비터스를 2대시 넣은 다음 셰이킹한다. 스트레이너로 걸러 얼음을 채운 록 글라스에 따르고 라임과 할라피뇨 휠로 장식한다.

평범한 밤에 휴가 기분을 내려면:
생강과 오이를 넣은 로제 와인 상그리아
GINGER-CUCUMBER ROSÉE SANGRIA

로제 와인 1병(750mL)

껍질을 벗기고 얇게 슬라이스한
신선한 생강 50g[1컵]

씨를 도려내고 얇게 슬라이스한
오이 200g(1/2개)

라임 휠 5조각(31페이지 참조)

벨벳 팔러넘 120mL[4온스]

각얼음

신선한 민트 줄기 4개

4잔 분량

이 상그리아는 상쾌하고 향긋하다. 레스토랑에서 남은 레드 와인을 사용하기 위해 내놓는 시럽이 들어가서 금방 질리는 레드 와인 상그리아와 정반대이다. 이 칵테일은 멋진 여름밤에 전망 좋은 베란다에서 가장 잘 즐길 수 있다. '벨벳 팔리넘'은 향신료 향이 감도는 바베이도스 리큐어이다. 만돌린 채칼을 가지고 있다면 가장 얇은 단계로 설정하고 생강을 저민다.

피처에 로제 와인, 생강, 오이, 라임 휠, 팔러넘을 넣고 잘 저은 다음 뚜껑을 덮어 냉장고에 하룻밤 동안 넣어둔다. 와인 잔에 얼음을 채우고 상그리아를 걸러서 담는다. 민트 줄기로 장식한다.

아이스크림 트럭이 없어도:
진 크림시클 슬러시
FROZEN GIN CREAMSICLE SLUSHIE

오렌지 소다 180mL[6온스]

진 300mL[1과 1/4컵]

갓 짜낸 레몬즙 30mL[1온스]

홈메이드 심플 시럽 30mL[1온스]
(116페이지 참조)

헤비 크림 30mL[1온스],
휘핑용 720mL[3컵] 또는
가게에서 파는 휘핑크림
1캔(200g[7온스])

오렌지 블라섬 워터 1/2작은술

바닐라 아이스크림 240mL[1컵]

오렌지 셔벗 240mL[1컵]

30mL[1온스]짜리 각얼음 16개
또는 갖고 있는 틀에 얼린 물 480mL[2컵]

작은 귤 5~6조각 또는
룩사르도 마라스키노 체리 5~6개

빨대 5~6개

5~6잔 분량

이 쾌락적인 칵테일은 여름날에 그냥 이것만 즐길 수도 있고 멋진 디너파티에서 술이 들어간 디저트 코스로 즐길 수도 있다. 향수를 불러일으키는 오렌지와 바닐라의 조합은 어디서든 인기이다. 오렌지 소다의 경우 우리는 블루스카이 오가닉 제품을 즐겨 사용한다.

믹서에 오렌지 소다, 진, 레몬즙, 심플 시럽, 헤비 크림 30mL〔1온스〕, 오렌지 블라섬 워터, 바닐라 아이스크림, 오렌지 셔벗을 넣는다. 믹서를 돌려 모든 재료가 잘 섞이도록 간다. 여기에 얼음을 추가한 다음 믹서를 강으로 놓고 내용물이 균일하게 걸쭉하고 부드러워질 때까지 간다. 각자 사용하는 믹서의 세기에 따라 1~5분쯤 걸릴 것이다. 만약 믹서가 작다면 재료를 한 번에 절반이나 1/3씩 넣고 섞는다.

이제 크림을 휘핑한다. 거품기가 달린 전기 믹서를 사용하고, 들어 올렸을 때 끝이 부드럽게 서도록 휘젓는다. 또는 가게에서 파는 제품을 사용하는 경우에는 서빙하기 전에 냉장고에서 캔을 꺼내면 된다.

서빙할 준비가 되면 톨 글라스에 슬러시를 180mL〔6온스〕를 붓고 위에 휘핑크림 120mL〔1/2컵〕을 쌓는다. 휘핑크림 위에 슬러시 180mL를 다시 붓는다.

룩사르도 마라스키노 체리나 작은 귤 조각으로 꼭대기를 장식하고 빨대를 꽂은 다음 즐긴다.

슈러브의 역사

역사적으로 슈러브는 주로 과일을 보존하는 빠른 방법이었다. 식민지 시대 미국 가정에서는 과일을 넘치도록 수확했을 때 단조로운 한 가지 맛이 계속되는 잼과 컨저브(과일을 굵게 썰어 설탕과 함께 졸인 것)를 대신하여 톡 쏘는 맛을 내는 슈러브를 비축해두었다. 원래 슈러브는 과일을 크거나 작게 잘라 식초와 섞어서 만들었다. 과일은 걸러내어 먹고 시럽은 각종 음료의 풍미를 돋우는 데 사용했다.

좋은 사람들의 추천 술

내가 가장 좋아하는 술은 스트레이트로 마시는 위스키이다.
강하고 간결하며 그 타는 듯한 느낌이 좋다.

리사 코, 작가

위스키 즐기기

위스키는 버번, 라이, 스카치, 블렌디드 스카치, 싱글 몰트, 문샤인을 비롯하여 다른 여러 지역의 증류주를 포괄하는 용어이다. 이들의 차이는 어디서 어떻게 만드느냐에 따라 결정된다. 위스키를 둘러싼 많은 '규칙'이 바뀌었고 지금 이 순간에도 바뀌고 있지만 기본을 알아야 자신의 취향을 결정하는 데 도움이 된다.

라이, 버번, 스카치를 포함한 위스키는 옥수수, 보리, 밀, 호밀 등을 증류하여 만들며 보통 몇 가지를 혼합한다. 버번으로 불리려면 옥수수가 51퍼센트 이상, 라이는 호밀이 51퍼센트 이상 함유되어야 한다. 스모키한 맛을 좋아한다면 스카치를, 부드럽고 약간 단맛을 좋아한다면 버번을 마시도록 한다. 좀 더 스파이시하고 자극적인 맛을 원한다면 라이 위스키를 샷으로 마시는 것을 권한다. 각자 좋아하는 맛과 관심이 가는 지역 안에서 자유롭게 마시다 보면 자신만의 위스키를 곧 찾게 될 것이다.

알아두면 좋은 곳

북스 아 매직(Books Are Magic)

225 스미스 스트리트, 브루클린, NY 11231 / booksaremagic.net
이곳은 엘사 근처에 있는 독립 서점이다.
알고 싶은 어떤 것에 대한 자료(혹은 칵테일에 관한 더 많은 책)를 찾기에 좋은 곳이다.

셰프 레스토랑 서플라이즈(Chef Restaurant Supplies)

294-298 보워리, 뉴욕, NY 10012 / chefrestaurantsupplies.com
이곳은 가게를 하는 고객을 대상으로 하긴 하지만 이스트 빌리지에서
바와 레스토랑 용품을 취급하는 주요 상점이다. 여기서는 말 그대로 무엇이든 찾을 수 있다.

체리 포인트(Cherry Point)

664 맨해튼 애비뉴, 브루클린, NY 11222 / cherrypointnyc.com
이곳은 라모나 근처에 있는 레스토랑이다.
특히 직접 만드는 샤퀴테리(햄, 소시지 등 돼지고기 가공 제품)를 꼭 먹어봐야 한다.

칵테일 킹덤(Cocktail Kingdom)

36 웨스트 25 스트리트, 5층, 뉴욕, NY 10010 / cocktailkingdom.com
이곳은 세계 최고의 셰이킹 틴뿐만 아니라 다양한 바 용품을 취급한다.
이곳의 웹사이트를 구경하다보면 시간 가는 줄 모른다.

쿡스 컴패니언(A Cook's Companion)

197 애틀랜틱 애비뉴, 브루클린, NY 11201 / acookscompanion.com
이곳에는 분무기, 빨대, 스트레이너, 칼 등 모든 것이 다 있다. 역시 엘사 근처에 있다.

듀얼 스페셜티 스토어(Dual Specialty Store)

91 1번가, 뉴욕, NY 10003 / dualspecialtystorenyc.com
이곳은 우리의 여러 레시피에 필수적으로 들어가는
말린 향신료 및 구하기 어려운 재료를 구입하기에 가장 좋은 곳이다.

듀크 리큐어 박스(Duke's Liquor Box)

170 프랭클린 스트리트, 브루클린, NY 11222 / dukesliquorbox.com
이곳은 라모나 근처에서 우리가 존경하는 가족이 운영하는 바이다.
흥미로운 증류주 및 주요 칵테일을 수준 높게 선별하여 취급한다.

이스턴 디스트릭트(Eastern District)

1053 맨해튼 애비뉴, 브루클린, NY 11222 / easterndistrictny.com

이곳은 다양한 종류의 훌륭한 치즈 및 특산물을 판매한다.

피시 애디(Fishs Eddy)

889 브로드웨이, 뉴욕, NY 10003 / fishseddy.com

이곳은 빈티지부터 새 것까지 모든 종류의 유리 및 도자기 제품을 취급한다.
이곳의 식기류는 직접 가서 볼 만하다.

더 가든(The Garden)

921 맨해튼 애비뉴, 브루클린, NY 11222 / thegardenfoodmarket.com

이곳은 그린포인트에 있는 가족이 운영하는 유기농 식품점이다. 문을 연 지 10년 이상 되었으며
우리는 100퍼센트 유기농 제품을 지역 사회에 공급하고자 하는 이들의 사명을 지지한다.

헬라 비터스(Hella Bitters)

22-23 보든 애비뉴, 롱아일랜드, NY 11101 / hellacocktail.co

이곳은 매우 모험적인 제품들을 갖춰놓은 비터스 취급점이다.
시트러스 비터스부터 그들의 시그니처 시럽까지 온라인으로 모두 구입할 수 있다.

홈커밍(Homecoming)

107 프랭클린 스트리트, 브루클린, NY 11222 / home-coming.com

이곳은 아름다운 꽃집이자 가정용품점, 커피숍이 결합된 곳이다.
이곳의 제품은 늘 세련되고 유용하다.

홈 스튜디오(Home Studios)

61 그린포인트 애비뉴, 수트 225, 브루클린, NY 11222 / homestudios.nyc

이곳의 재능 있는 디자인 팀이 아니었다면 우리 바는 단명했을 것이다.
이곳의 창립자이자 디자이너인 에반과 올리버 하슬리그레이브 덕분에 엘사와 라모나의 인테리어
가 특별해졌다. 이제 웹사이트를 통해서도 실내장식용 소품, 가구, 조명 등을 살 수 있다.

맷 화이트 주얼리(Matt White Jewelry)

mattwhitejewelry.com

맷은 멋진 칵테일 액세서리를 만드는 뛰어난 주얼리 디자이너이다.
또한 엘사의 초기 멤버이기도 하다.

마우스(Mouth)

192 워터 스트리트, 브루클린, NY 11201 / mouth.com
이곳은 다양한 종류의 와인과 증류주뿐만 아니라
술과 함께 즐길 수 있는 흥미로운 스낵 및 먹을거리를 취급한다.

더 프라이머리 에센셜즈(The Primary Essentials)

372 애틀랜틱 애비뉴, 브루클린, NY 11217 / theprimaryessentials.com
이곳은 흠 잡을 데 없는 취향을 가진 대학 친구가 운영하는 곳이다.
특별한 유리제품이나 아름다운 가정용품을 찾는다면 이곳이 제격이다.

사하디즈(Sahadi's)

187 애틀랜틱 애비뉴, 브루클린, NY 11201 / sahadis.com
이곳은 65년 동안 향신료, 올리브, 건과일, 견과류 및 기타 특산물을 판매해왔다.
엘사 바로 길 건너편에 있으며 우리가 새롭고 흥미로운 재료를 찾을 때면 언제나 가는 곳이다.

스팅키 브루클린(Stinky Brooklyn)

215 스미스 스트리트, 브루클린, NY 11231 / stinkybklyn.com
이곳은 브루클린에서 가장 좋은 염장육과 치즈를 취급한다.
우리는 처음부터 이곳에서 질 좋은 안줏거리를 구입해왔다.

투 포 더 팟(Two For the Pot)

200 클린턴 스트리트, 브루클린, NY 11201
이곳은 정말 친절한 사람들이 운영하는 엘사 근처의 차 전문점이다.
인류전이나 여타 실험에 사용할 만한 모든 종류의 차와 특산물을 살 수 있다.

휘스크(Whisk)

231 배드포드 애비뉴, 브루클린, NY 11211 / Whisknyc.com
이곳은 홈 바에서 사용할 수 있는 모든 용품을 취급한다.

워드 북스토어(WORD Bookstore)

126 프랭클린 스트리트, 브루클린, NY 11222 / wordbookstores.com
이곳은 라모나 근처에 있는 서점이며 다른 여러 지역에도 지점이 있다.
이곳의 직원들은 매우 친절하다.

나탈카 뷰리언은 두 개의 바, 엘사와 라모나의 공동 소유주이자 소설
〈Welcome to the Slipstream〉의 저자이다. 또한 중요한 일을 하지만 인
정받지 못하는 지역 사회의 소규모 비영리 단체를 후원하기 위해 매달
북 토크를 열어 기금을 모금하는 프레야 프로젝트의 공동 창립자이기
도 하다. 그녀는 콜롬비아 대학교에서 동유럽 문학을 전공하고 레오폴
트 폰 자허마조흐의 작품에 관한 연구로 석사 학위를 받았다. 현재 브
루클린에서 남편과 두 딸과 함께 살고 있다.

스콧 슈나이더는 엘사와 라모나의 공동 소유주이다. 뉴욕 주 북부에서
태어났으며 2004년 프랫 인스티튜트에서 디자인을 공부하기 위해 브루
클린으로 왔다. 2007년 원조 엘사가 문을 열었을 때 아무런 경험도 없
이 바텐더 보조로 일을 시작했지만 곧 칵테일, 특히 재료까지 직접 만
드는 크래프트 칵테일에 대한 열정을 발견했다. 그 후 1년 만에 엘사를
운영하기 시작했고 2013년에는 형 제이, 형수 나탈카와 함께 라모나를
오픈했다. 4년 후에는 원래 일하던 직원들과 함께 엘사를 재오픈했고,
이후로 계속 바 두 곳의 칵테일 프로그램을 주관하고 있다. 현재 브루
클린의 그린포인트에 살고 있으며 〈뉴요커〉, 〈뉴욕 타임스〉, 〈뉴욕 매
거진〉, 〈인터뷰 매거진〉 등에 인터뷰 기사가 실렸다.

감사의 말

우리는 젭 밀레트, 제레미 윌슨, 마르코스 톨레도를 비롯하여 엘사와 라모나에서 과거와 현재를 함께한 소중한 동료들에게 엄청난 감사의 인사를 전한다. 특히 브랜던 데이비와 맷 화이트는 소규모 사업의 모든 성장통을 우리와 함께 견뎌주었다.

우리가 이 책을 만들 수 있도록 밤과 휴일에도 일하며 도와준 훌륭한 편집자 카마렌 수비야, 완벽하게 디자인을 해준 바네사 디나, 자료 조사와 제작 자문을 맡아준 테라 킬립, 순조로운 진행을 가능하게 해준 자네타 중, 이 프로젝트를 지지해준 크리스틴 카스웰, 에리한 눈으로 지켜봐준 데보라 캅스와 마리 오이시에게도 감사한다. 우리를 여러모로 지원해준 크로니클 출판사의 팀 전체에게 감사한다. 최고 중의 최고인 케이트 존슨과 울프 리터러리 에이전시의 모든 이들에게 끝없는 감사를 전한다. 특히 뛰어난 조던 아완과 모건 엘리엇에게 더욱 감사한다.

엄청난 재능을 갖고 있는 앨리스 가오, 피어스 해리슨, 레베카 바토시스키, 조슬린 카브랄에게 깊은 감사를 전한다. 또한 이 책에 '추천 칵테일과 술'을 알려준 멋진 여성들, 로렌 두카, 제시카 발렌티, 리사 코, 바이올렛, 모건 저킨스, 엠마 스트라웁, 로렌 엘킨, 제이미 아텐버그, 엘레노어 피엔타, 수니타 마니, 레노라 라피두스에게 감사한다.

훌륭한 취향을 지닌 소중한 친구들의 지지가 없었다면 이 책은 나오지 못했을 것이다. 그들을 열거하자면 다음과 같다. 엘레나 모크리츠키, 도미닉 에스피노사, 가렛 스미스, 데이브 구블러, 벤 엡스타인, 아만다 시몬, 노니 브르지스키, 댄 바그너, 벤 두아르테, 프리뷰 웨어 팀, 헨리 노싱턴, 콜린 루이스, 알피 팔라오, 케빈 쇼캇, 마이크 스위니, 엘리자벳과 미셸 딜크, 알렉스 골드스타인, 닉 로우클리, 다니엘라 얼딘레이즈, 앤드류 케이, 케이틀린 페페. 또한 에반과 올리버 하슬리그레이브와 홈 스튜디오의 전체 팀에게도 감사한다.

늘 힘이 되는 가족들, 낸시와 아놀드 슈나이더, 이르카 자줄락, 엘리자베스 슈나이더, 올레시와 밀야 뷰리언에게도 감사의 인사를 전한다.

에바 호건과 제이 슈나이더가 없었다면 이 책과 우리의 인생은 지금과 같지 않았을 것이다. 그리고 끊임없는 영감의 원천인 비올라와 레오에게 언제나 감사한다.

찾아보기

별*표: 해당 단어의 주석이 있는 페이지

ㅇ

마지막 추천 칵테일

몇 년 전이었다면 나는 가장 좋아하는 칵테일이

맨해튼이나 드라이 마티니라고 말했을 것이다.

실제로 좋아해서가 아니라 사람들이 뭐라고 생각할지 신경 쓰였기 때문이다.

하지만 이제 더 이상 상관하지 않는다.

나는 피나콜라다를 좋아한다.

피나콜라다는 맛이 끝내주고 즐거움을 준다.

남편과 처음 데이트를 하던 날도 나는 피나콜라다를 마셨다.

제시카 발렌티, 작가